エコ・エコノミー社会構築へ

藤井石根 著

時潮社

エコ・エコノミー社会構築へ／目次

はじめに 7

第1章 点描—世界で見る不安な現実 ……………15
　1．石油依存の農業と食糧 15
　2．懸念される深刻な水不足 18
　3．加速される土壌の劣化・砂漠化 23
　4．人口増と弱体化する生物多様性 29
　5．二極分断された世界の健康への脅威 32
　6．放射能の恐怖にさいなまれる未来 35

第2章 エコ・エコノミー社会とソフトパス ……………43
　1．エコ・エコノミーとは 43
　2．現況経済の行方とエコ・エコノミー構築の処方 44
　3．ソフトパス 51

第3章 「緑の内需」政策が暗示する背景 ……………55
　1．必ずしも合致しないGDPの大きさと生活の豊かさ 55
　2．負の遺産から見える世代間の不公平 56
　3．もう限界の環境価値只乗りと末長いツケの支払い 61
　4．カジノ経済破綻の教訓 63

第4章 効率的なエネルギーの利用 ……………67
　1．生命維持に必要なエネルギー量は 67
　2．質に応じたエネルギーの使い方 69
　3．望まれるカスケード利用 71
　4．能率より効率を重視する省エネ機器・システム 73
　　1）照明器具 73

         2）エネルギーキャパシタシステム（ECaSS） 75
         3）省エネ交通システム 76
      5．エネルギーマイレージインデックス 82

第5章　日常生活の安心・安全対策 ……………………87
      1．食料の安全保障とフードマイレージ 87
         1）世界の穀物生産状況 87
         2）食の安心とフードマイレージ 89
      2．地産地消、多様性と循環の持つ意味 91
         1）省エネルギーにも繋がる地産地消 91
         2）多様性は循環の元、循環は持続性の元 94
      3．これからの建物のありうる姿 96
         1）パッシブシステム 97
         2）ソーラーハウス 98
         3）ゼロエネルギーハウス 102

第6章　待ったなしのインフラ対策 ……………………109
      1．政策の歪みとインフラのあり方 109
         1）自然エネルギーの利用を阻む政策上の「歪み」 109
         2）必要な「送配電線は社会の共有物」という認識 111
      2．スマートグリッド、マイクログリッド 115
      3．生活を豊かにするインフラ整備 118
         1）道路・交通システム 118
         2）上下水道、水洗システム 124

第7章　ソフトエネルギーの利用に向けて ……………129
      1．ソフトエネルギーにまつわる政策の現況 129
      2．利用可能なソフトエネルギー量と技術動向 132
         1）太陽エネルギー 134
         2）風力 142
         3）水力 147

4）地熱　151
　　　5）バイオマスエネルギー　154
　3．自然エネルギーの利用で考えるべき課題　158
　　　1）知っておきたいソフトエネルギーを使うことの本質　158
　　　2）ソフトエネルギーの魅力を減らす、過度の商業主義　160
　　　3）自然エネルギー利用でも必要な環境影響評価　161
　　　4）風力発電を死なせず育むために　166

第8章　成長から持続への試みと課題 ……………173
　1．緑の保全・活性化　173
　2．公共交通／モーダルシフト　178
　3．エコタウン／ソーラーヴィレッジ　183

終　章　エコ・エコノミー社会のあるべき姿 …………195

付章1　民主党の環境・エネルギー政策 ……………201
　1．公にされた当該政策のあらまし　201
　2．推察される50年後のエネルギー資源状況　202
　3．民主党の環境・エネルギー政策をどう見るか　207

付章2　COP15は何を目指し、何が成ったか ………211
　1．温暖化対策についての国際的な歩みの点描　211
　2．COP15を前にしての各国の動きと各国の主張の背景　215
　3．COP15、その概略と成果　218
　　　1）会議は何を目指したか　218
　　　2）連日中断が物語る会議の経過　219
　　　3）この会議の成果　220
　4．会議を振り返って感じることは　223
　　　・付「伝説のスピーチ全文」　227

　　　　　　　　　　　　　　　　　　装幀　比賀祐介

（本書は再生紙を使用しております）

はじめに

　今や世界の人口は65億人を超え、早ければ2045年ごろには100億人を突破するとの見方もある。もし、それに呼応して経済も膨らんだら、果たして地球の環境はもつだろうか。

　かつて、明治時代の著名な政治家、田中正造は生を営む上で環境の保全は何よりも大切と

「真の文明は山を荒さず　川を荒さず　村を破らず　人を殺さざるべし」

との遺訓を残したが、このところの環境悪化の情況には広汎かつ凄まじいものがある。

　現に世界の科学者でつくる「気候変動に関する政府間パネル（略称IPCC）」の部会報告によれば、化石燃料多消費に伴なう大気中の二酸化炭素（以下CO_2）濃度の急激な上昇は、不安定な気候と著しい気温の上昇をもたらし、その程は前世紀末の気温と今世紀末のそれとの比較で約4℃の上昇を予想している。無論、この気温の上昇は大気中のCO_2濃度上昇によるものではないとする説もあるが、その詮索は他に譲るとしてもその異変はすこぶる甚大、かつ多岐に亘るとされている。

　図2はその影響のあらましを示しているが、殊に水不足による影響は、間接的には、即食糧の問題にも関係してくるだけに極めて深刻な問題といわざるを得ない。それというのも、例えば1トンの小麦を得るには千トンの水が必要といわれる程に、水が不足すれば当然のことながら穀物も含む多くの農産物の生産量を大きく減少させ、飢餓の問題をより深刻化させる。加えて4℃の気温上昇は4割以上の生物種を死滅させ生態系が破壊されてしまうという。中でも広範囲に亘るサンゴ礁の死滅は、CO_2の吸収機能を大幅に損なわせるため、大きな関心事の1つになっている。また健康面では感染症媒介生物の生息分布の変化が感染症の分布地図を変えるなど、想像を超えた異変のリスクをもたらすといわれている。

　こうした厳しい事態が多々予想される中で、これからの対応や対策をどの

図1　映画「赤貧洗うがごとき」でみる田中正造[1]

ように図るべきか、その対処の仕方次第ではその後の状況が大きく変ってしまうだけに極めて重要である。臨機応変で難しい事柄は後回しにするようなこれまでのやり方では、先が次第にしぼんで行ってしまうし、後の世代に対しても責任が取れるものでもない。

　顧みるにこうした難しい問題に直面せざるを得なくなってしまったその最大の原因は、本来の修復能力を超えた自然の破壊、天然資源の極度の収奪とその利用である。自然は人類も含む万物を超えた存在であることに無頓着であった結果でもある。人間の英知と能力を駆使すれば、自然といえどもある程度は思いのままになる、と錯誤している節もある。穿った見方をするなら

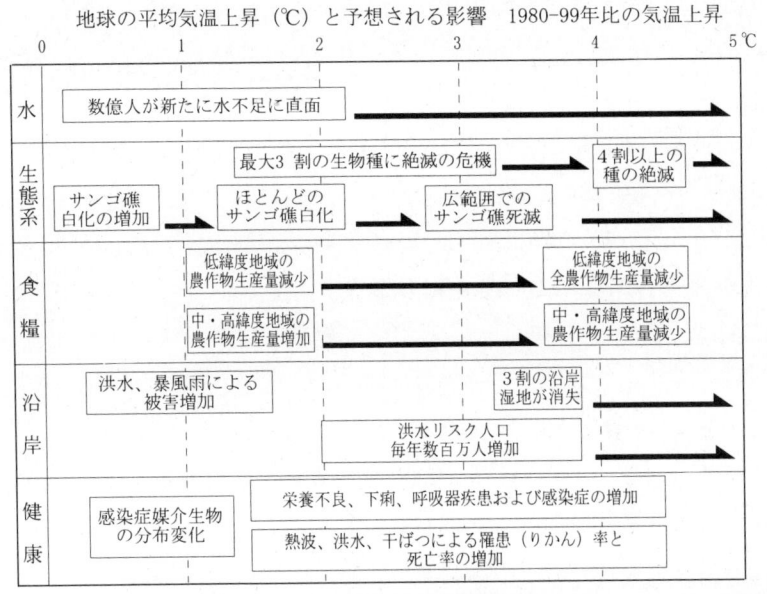

図2　ICPPが予想する温暖の影響[2]

ば「地球にやさしい」という言い方も、その1つの現れとも見て取れる。この表現には上からの目線で見た地球が存在し、そこからは地球に対する畏敬の念はあまり汲み取れない。

　いずれにしろ、この難局に対処するためには、まずこれまでの考え方や価値観を改める必要がある。具体的には

（1）環境を重視する意識の醸成

「経済至上の考え方」を「環境至上の考え」に改められなければならない。これまではとかく経済成長のためには環境への配慮はあまり頓着せずにことが進められてきたが、これを改めようというものである。突き詰めて考えるに、健全な自然や環境が確保されていてこそ我々は生きられるし、経済活動も必要になってくる。しかし現況は、この因果関係が全く逆転してしまった感すらある。

1989年にノーベル経済学賞を受けたアマルティア・センは、自己利益の最大化を唯一の目標にしている経済人を「合理的な愚か者」と称したが、こうした経済人が生まれる背景には経済至上の考え方が支配していよう。彼らには自己利益追求と優るとも劣らぬくらいに重要な「他人への思いやり」や「使命感」なるものが欠落している。いわんや自然や環境への配慮など眼中になかろう。日夜、競争に晒され活動している企業とて、大勢は同じような状況かも知れない。しかし環境保全に配慮する企業への社会の評価が高まってくれば、これとて次第に改まってくると思われる。

（2）省エネが優先される社会の確立

「創エネ」よりも「省エネ」に重点を移す努力も必要である。化石燃料は無論のこと、再生可能といわれる自然エネルギーとて、そのつどその場で利用できるエネルギー量には限度がある。地上のすべての生物は、究極的には太陽エネルギーを中心に、自然エネルギーに依存して生きている。それゆえ、人間だけが独占することは許されないし、生態系を維持するためにも節度ある利用が求められる。

　したがって、限られた量のエネルギーを有効かつ効果的に活用する態度が常に求められることになる。当然、快適な生活はより多くのエネルギー消費でのみ達成される、との誤った思い込みを捨て去らねばならない。同時に経済成長・拡大にはより多くのエネルギーが必要となるとの考えにしても同様である。能率よりも効率が優先される社会になることが期待される。

（3）地域間、世代間の不公平の解消

　このところ、世界の各地で貧富の二極化が進み、社会が不安定化している。過度の規制緩和が、カジノ資本主義経済を助長させた結果である。当然、社会の秩序が乱れ活力も削がれて、社会全体が弱体化すれば、勝者とて次第にその影響を受けて、そのツケを支払わされる羽目になる。それというのも、健全な社会の実現には社会を構成する各自がそれぞれに課せられている責務

を共存共栄のかたちで遂行することが必要で、この状況が壊れてしまっては社会は成り立たないからである。

　しかも現況の世界は国際化がさらに進み、自国の社会が安定していればそれでことが済む状況ではなくなっている。貿易を通じて各国は互いに経済面で強く繋っており利益を授受し合っている。したがって、直接的にせよ間接的にせよ、貿易相手国の不安定化や異変の影響は否応なしに受けざるを得なくなっている。環境面についても同様である。ある地域の環境悪化は、他の地域にその影響が必然的に及んでくる。

　その代表的な一つの例が、大気汚染や地球温暖化といえよう。また貧困は往々にして砂漠化というかたちの環境破壊をもたらす。それゆえに貧富の二極化は、地球的な環境保全の面でも極めて由々しい事態である。いずれにしろ貧富に限らず格差の発生は概して制度や取り決め、それに条約上の不備による不公平に起因するところが少なくない。国際的な場ではたびたび、「国益」という言葉が飛び交うところとなっているが、目先の己の利益のみを追い求める国益ではなくて、共存共栄によってもたらされる利益や環境保全による間接的な利益なども加味した国益を考える必要性が、さらに増しているといえる。

　加えて、世代間の不公平の是正も長期的視野に立てば必要視されなければならない。有限な資源、とりわけ化石燃料などエネルギー資源の消耗・枯渇はいずれ訪れ、それ以降の世代はその利用の恩恵に浴することすらかなわない。これは世代間の不公平でなくてなんであろうか。恩恵に浴した世代は環境を悪化させた代償も含め、浴せぬ世代に対しそれでも何とか立ち行くような手立てを、人道的にも整える責務を負うべきであろう。ここで考えられる差し当りの手立てとしては、緑化の推進と共に自然エネルギーをより上手に使いこなす技術を残すことであろう。この技術の開発を省エネ技術開発と共にさらに積極的に進め、より良い技術を後世に残せれば、責務をひとまず果たせたといえると共に己のためにもなるのではないか。

　他方、ハードのもう一つのエネルギー、原子力発電を行うことには、この

面では大きな問題がある。原発によってもたらされる放射能廃棄物は、極めて大きな問題を孕んでいるからである。核燃料のウランも有限な資源である以上、いずれは枯渇、発電の益に浴せなくなる。それでいて、以降の世代は何の益もないままに、ひたすら放射性物質のお守の任のみを強制的に押し付けられる羽目になる。高レベル放射性廃棄物に対しアメリカ環境保護庁は、放射能の管理・規制を100万年間行う必要があるとしているように、この任を半永久的に彼らは負わされることになる。この現実も世代間の不公平でなくして、一体なんであろうか。

　原子力発電の継続・維持の主張にはこの辺の責任の取り方も明確にする責務を、人道上負っている。この問題の起因には人間を破滅に導く技術や枯渇する資源の利用がある。したがって、人間世代を再生させる物や技術に、軸足を向けて行かなければならない。

（4）多様性の尊重

　人の営みの基本は共存共栄の社会生活である以上、それを維持させて行くために一定の基準を設け、それに則って行動するのは当然のことであろう。しかし、この規制が過度に強められてしまうと、本来尊重されるべき多様性が蝕まれ別の問題が生じてくる。元々、自然界は適切な制約の下で多様性が存在し得て、それ故にバランスを保ち成り立っているようなものである。

　これを人間の都合で否定してしまっては、自ら己の存在する場を否定するようなものである。社会全体が１つの方向に向かって行動する時や、大量生産活動を推進する際には、往々にして多様性は邪魔な存在として映るが、これを否定してしまっては、健全な社会は存在し得なくなってしまうのは必然である。ある特定の目的に都合のいい尺度も、目的が変わればそのメリットも失われ、別の尺度が効力を発揮するようになる。こうした対応が可能になるのも、多様性が存在しているが故の話ということになる。要はバランスの問題が重要である。

以上、我々が直面する難題にどう向き合ったらいいのか、以後の話を分り易くするために手始めに考えのあらましを端的に披露したが、行き着く先は、自然の摂理である循環性を蔑ろにするなということになろうか。

参考資料
　（1）朝日新聞記事（映画「赤貧洗うがごとき」より）
　（2）藤井石根：小冊子「原発で地球は救えない」（原水爆禁止日本国民会議, 2008年）8頁

第1章　点描―世界で見る不安な現実[1]

　今や人間の生産活動は、地球の限りある資源に対してあまりにも大きくなりすぎている。その証しとして、再生可能な資源を再生を上回る速さで消費しているし、非再生の多くの資源にしても短期間の使用で枯渇の心配をしなければならない状況になっている。

　かかる旺盛な生産・消費活動の副次的な結果として、地球温暖化やオゾンホールの問題等地球規模の環境問題を引き起こしている。もしこうした行為をさらに続けるならば、多くの資源は枯渇し、環境も生存も適わない状態に至って、しだいに文明は衰退し、崩壊するかも知れない。

　今必要なことは、現況を的確に認識し、かつ自覚した上で、行くべき目標をはっきりさせて方向転換することではないだろうか。それにはまず現況の姿を知らねばならないし、問題の所在についても同様である。

1．石油依存の農業と食糧

　現代の農業は、トラクターなどさまざまな機具を使って農作業が行われている。加えて、場所によっては灌漑用のポンプを動かす必要もあるし、肥料の生産にも多くのエネルギーが費やされている。

　その結果、例えばアメリカの農業で穀物を1トン生産するために使用される石油の量は、2002年の時点で約49リットル、それでも1973年当時の125リットルに較べれば大幅に削減されている。この背景には農地を耕さない、たとえ耕しても最小限に止める手法を用いたことがあり、この手法はアメリカのみならず、ブラジル、カナダ等でも採用されている。他方、例えば中国では耕起農業がなおも続けられており、そのほとんどは役畜からトラクターに代っている。

　農業で使われているエネルギーの約20%は、肥料で占められている。肥料

1トン当たりの穀物生産量は、中国が9トン、インドが11トン、アメリカが18トンで、アメリカの肥料効率が高くなっている。その背景には、窒素を土壌に固定する大豆が主要な産物の1つであることがある。
　しかし、肥料についての大きな問題は、穀物に含まれている植物の3大栄養素である窒素、リン、カリウムが土壌から失われ、戻りにくくなっていることである。この傾向は、都市化が進む程強くなる。それというのも、農村地域から都市への人の移動が進み、人の排泄物に含まれる栄養分がさらに土壌に戻りにくくなるためである。結果的には化学肥料などの需要がより高まり、その肥料をつくるエネルギーの需要も高くなるという悪循環が生じてくる。
　さらに、食料の国際的な取引が増えると、生産者と消費者は数千キロメートルも離れることになり、植物栄養素の循環はますます断ち切られることになる。そのため、農産物輸出国の農地はますます痩せて行き、その輸入国は富栄養化の状態になっていく。同様に、生産者と消費者が分離される傾向にある工場式農業も同じような問題を孕んでいる。加えて、肥料のコスト高は工場式農業の経済的な魅力を薄めることにもつながっていく。
　さらなる課題には、灌漑がある。もともと灌漑は大量のエネルギーを使用するが、それでも世界各地で灌漑が増えている。2002年の世界の灌漑面積は2.77億ヘクタールと、ここ約50年間で3倍に拡大している。しかも、以前は水位の高低差を利用したダム式運河システムが主流であったが、近年では地下水を利用する井戸掘りシステムに移行し、これにつれて、灌漑のエネルギー使用量も増えている。その上、地下水位も低下していることでポンプ動力もさらに増し、食料生産の石油依存率もますます高くなっている。

　食料を生産するために使われるエネルギー量はこのように増えているが、その約3分の2に相当する程のエネルギー量が、農家から消費者へ農産物を運ぶのに使われている。実際、ブドウが木から食卓までたどり着くのに、1.3万キロメートルも旅するケースも見られている。こうしたことが可能に

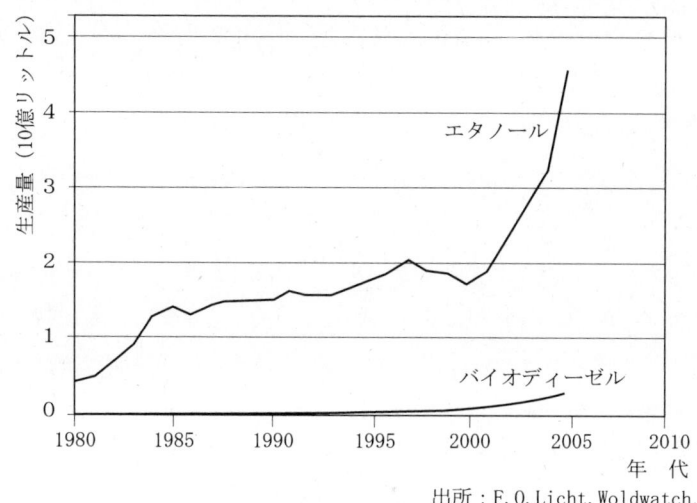

図1-1　世界のバイオ燃料生産量の推移

なるのも石油が安いためで、同じようなことが包装の面でも生じている。包装材に費やされるエネルギーの量が、包装されている食品よりも多いことは珍しくない。しかし、食物の関係で最もエネルギーを使っている所は、家庭の台所である。食品の冷蔵・冷凍、それに調理に使われているエネルギー量は、食料の生産に使われるエネルギー量よりもはるかに多いといわれている。

　農産物に関係するさらなる新たな問題は、バイオ燃料の問題である。2000年を境にして、急にエタノールの生産量が増えてきたためである。石油の価格が高騰すれば、バイオ燃料も市場性を持つようになり、結果的に石油の価格が農産物の支持価格になってくる。

　しかし、ここで新たな矛盾として映る現象は、石油の価格が高くなればなる程、少々高くてもバイオ燃料の需要が増すかも知れないが、バイオ燃料の原料となる農産物の生産は、すでに見てきたように、石油に大きく依存しているために、必然的にバイオ燃料価格も石油の価格に連動して高くならざるを得ないということである。

また、市場原理に基づく自由な取引に任せておけば、穀物の入手をめぐって食料を得たいとする一般庶民を背にする食品加工業者と、それなりの燃料費増で済むならば自動車を利用したい比較的裕福な階層を背にするバイオ燃料生産者とが競うこととなる。当然、その妥協点で穀物価格が決まることとなろうが、価格の上昇は間違いないだろう。それ程までに石油の価格は大きな影響力を持っている。

　2004年にアメリカでトウモロコシから生産されたエタノール量は約130億リットルで、それに使われたトウモロコシの量は総生産量の約12％に当たる3,200万トンといわれている。これは、世界の平均的な穀物消費量で見れば、1億人を養える量である。いずれにしろ農産物の価格が低く、石油の価格が高ければ、その農産物は燃料生産者の手に渡り、それでなくても世界的で不足がちな食料が奪われることで飢餓の問題をより深刻化させる。また、バイオ燃料の需要増はインドネシアやマレーシアなどで見られるように、農地を増やすための開墾、つまり森林の伐採を促すことになり、動植物の多様性にとって新たな大きな脅威を与えることにもなる。

2．懸念される深刻な水不足

　世界の各地で頻発している洪水、その報道に気を取られている中で、世界では前例がない程の大規模、かつ深刻な水不足が起こっている。湖沼の消滅、井戸の枯渇、それに河川の断流等、その兆候は多くの所で現れている。

　まず湖沼の消滅で代表的な例としては、アフリカのチャド湖がある。世界で最も人口の増加が著しい国に囲まれているこの湖は、1960年代以降、湖に注いでいた河川の水が、灌漑用水として大量に取水されたため、その面積は95％も縮小、今や完全に消滅するかも知れないと危惧されている。この状況は地図からも読み取れる。

　このように目に見える水不足の兆候は、河川の干上がりや湖沼の消滅というかたちで現れている。河川からの取水が多くなると、川自体が干上がってしまい「断水」という状態になる。この断水は、アメリカ南西部の大河コロ

第1章　点描―世界で見る不安な現実

ラド川や中国北部の大河、黄河でも発生しているといわれ、その他の大河では、エジプトのナイル川、パキスタンのインダス川、インドのガンジス川も乾季には干上がることもあるという。完全に干上がった小河川も少なくない模様である。

　こうした現象が顕著になった背景には、世界の水需要が前世紀後半には3倍に増えた上に、水力発電による電力の需要増でダムが多く造られ、河川から大量に取水されたことがある。実際、高さ15メートルを超える大型ダムの数は、1950年以来5千基から4万5千基と9倍になっている。しかも乾燥地や半乾燥地に位置しているダムからの水の蒸発量は、年間、貯水量の10%に相当する。ウズベキスタンやトルクメスタンの綿花農家によって大量に水が失われているアムダリヤ川も断水状態にあり、この影響でアラル海もチャド湖と同じような運命をたどっている。アラル海の完全消滅をかろうじて防いでいるのはシル・ダリヤ川の水が注がれているからで、アラル海が縮小するにつれて、塩水濃度が高まり、魚も死滅している。

　1960年に旧ソ連が、アムダリヤ川やシル・ダリア川の流域を綿花栽培地帯に変えた結果がこのありさまで、以前は年間5万トンの漁獲量があった漁業は崩壊、漁船や魚の加工工場の仕事も失われている。しかも広大な乾燥した海底からは毎日、数千トンもの砂と塩が風に吹きとばされて、周辺の耕地や草地に被害をもたらしている。

　同じような運命を辿っている湖はこの2つだけではない。イスラエル北部のガラリヤ湖もそうであり、アメリカ・カリフォルニア州の500平方キロメートル強の面積があったオーウェンズ湖が消滅した例もそうである。旺盛な水需要を要求し続けているロサンゼルスは、取水を始めてたった10年でオーウェンズ湖を消滅させたし、モノ湖も犠牲者になりかけている。

　しかし、湖の消滅が最も顕著な国は中国といわれている。黄河の主流が流れる中国西部の青海省にはかつて4,077もの湖があったといわれているが、過去20年間で2,000以上が消滅、北京を囲む河北省に至っては状況はさらに悪く、1,052の湖のうち残っているのはたった83である。他のアジア諸国の

インド、パキスタン、イランでも状況は同じで、インドのカシミール渓谷では多数の湖が消滅しているし、ダル湖にしてもその面積を75平方キロメートルから12平方キロメートルに縮小させている。このようにあらゆる大陸で湖が消滅しているが、これらの共通の原因は河川からの過剰な取水で、これに地下水の汲み上げが手を貸している。

　多くの国では増え続ける水需要を満たすため、地下水も過剰に汲み上げられている。世界全体の水利用の内訳は、70％が灌漑用、20％が工業用水用、10％が生活用水といわれるように、食料の生産に必要な水の総量は飲料水の500倍といわれる。この事実から推しても明らかなように世界の3大穀物生産国である中国、インド、アメリカでも帯水層から過剰な水を汲み上げている。
　帯水層には、雨の浸透で水が補給されるものと、そうでないものの2種類がある。インドの大半の帯水層と中国華北平原の浅い帯水層は前者の部類に属しているので、帯水層水が枯渇すれば、当然ながら補給された分しか揚水できなくなる。しかし、それよりもっと厄介なのは後者の化石帯水層で、枯渇すれば万事休すということになる。アメリカのグレート・プレーンズの地下にある巨大なオガララ帯水層やサウジアラビヤの帯水層、それに中国華北平原の深い帯水層は、化石帯水層である。したがって、アメリカ南西部や中東のような乾燥地帯では、灌漑用水の消失は農業の終末を意味することになる。
　さて、中国の小麦の半分以上、トウモロコシの3分の1を生産している華北平原では、過剰揚水で浅い帯水層の水はほぼ枯渇、化石帯水層の水に頼らざるを得ない状況になっている。しかし、北京の中国地質環境監測院の調査によると、華北平原の中心部、河北省の化石帯水層の平均水位は年間3メートル程低下、一部では6メートルに及んでいるという。
　もし、状況がこのままで推移して行けば、最後の水がめも失われることになるし、今でも小麦生産地域の一部では地下300メートルから揚水している。

加えて、仮りに、北京周辺の井戸から水を汲もうとすれば、いまや1,000メートルの深さが必要といわれるように、地下水位の低下は著しく、用水のコストも上昇している。穀物生産に対する灌漑地の割合が80％にも達する中国では、この状況は極めて深刻である。最近では地下水位の低下と耕地の非農業目的への転換、工業化地域での農業労働者の減少で、穀物の生産量を大きく減らしている。小麦の生産量も1997年の1億2,300万トンをピークにその後は減産、2005年は23％減の9,500万トンと減らしている。

インドでも地下水位の低下は著しく、グジャラート州北部では、毎年6メートルのペースで下がっている。インド南部のタミール・ナド州では、至るところで井戸が涸れ、小規模農家が所有する井戸の95％が干上がり、州の灌漑面積もこの10年で半減している。こうした状況を反映して地下水が枯渇した地域の農業は完全に雨水頼りになり、飲み水はトラックで運ばれてくる状態になっている。今でこそインドの主食である小麦や米の生産量はまだ増えているが、地域によっては減産に転じる恐れがあるとみられている。それというのも、インドの穀物生産に対する灌漑の割合は60％と高いことが背景にある。

人口1億5,800万人で毎年300万人のペースで人口が増え続けているパキスタンでも、地下水が汲み上げられ、肥沃なパンジャブ平原の地下水位も低下しつつある。バルチスタン州の州都クエッタ周辺の地下水位は、毎年3.5メートルも低下、15年もすれば地下水は尽きるとの見通しもされている。同州は州全体が水不足で、灌漑地は荒れ地と化している。10年から15年以内に用水路灌漑地区以外の流域で地下水がなくなれば、同州の穀物生産量の大部分は失われると見られている。地下水の枯渇が、パキスタンの穀物生産量を減らすことは確実視されている。

人口7千万のイランも、年間50億トンの水を汲み上げ、穀物生産量の約3

分の1をこの水が支えている。その結果、北東部に位置する肥沃なチェナラン平原の地下水位は灌漑と近隣都市マシュハドへの生活用水確保のために井戸が掘られたことが原因で、年2.8メートルの割合で低下していたことが、1990年代終わりに確認されている。井戸水が涸れた東部地域では村は棄てられ、「水難民」が生まれている。

　人口2,100万人のイエメン、ここでも全土に亘って地下水位が、年約2メートルの割合で低下している。西部のサヌア盆地では年間涵養量4,200万トンの5倍に当たる2億2,400万トンの水が、毎年汲み上げられているため地下水位は年に6メートルもの速さで低下、2010年には枯渇するとの世界銀行の予測もある。同国政府はこの対策として深さ2,000メートルという深い試掘井戸を掘ったが、水がなかったため、人口200万人の首都サヌアを移転させるか、海水淡水化プラントを海岸に建設してパイプラインで水を送るかの決断が迫られている。同国の首都サヌアの過剰揚水に止まらず、人口が年3％の割合で増えているため地下水位は全国的に低下していて、水環境の崩壊は急速に進んでいる。

　自然増と移民により人口が増加しているイスラエルでも、2つの主要な帯水層、すなわち海岸沿いのものとパレスチナと共有している山間部のもので地下水は枯渇しつつある。そのため山間部の地下水をめぐってパレスチナと水争いをしており、かつ深刻な水不足のため小麦生産の灌漑を禁止している。

　人口2,500万人の国、サウジアラビヤは石油が豊かな分、水が乏しい化石帯水層の国である。そこに貯えられていた水量は4,620億トンと見積もられていたが、そのような国で大規模な灌漑農業を発展させてきたため、今では半分位の水しか残されていないとみられている。
　この国ではオイル・マネーを惜しみなく投じて、世界市場の5倍の価格にもなる小麦を数年間作ってきたが、財政事情から補助金が削減され、小麦の

生産量は1992年の410万トンをピークに減少し、2005年には71％減の120万トンになっている。一部の地域とはいえ、深さ1,220メートルの井戸から水を汲み上げる灌漑農業、貴重な帯水層の水が涸れ、見捨てられた畑はおぼろげな輪郭を残して砂に帰しているという。同国は浅い帯水層による灌漑農業の可能性を狭い地域で残しているが、大半はあと10年程で消滅すると予想され、「自然の限界を越えて崩壊する食料経済」の典型的例といわれている。

　大穀物生産国の一角アメリカでも、テキサス、オクラホマ、カンザスの一部で地下水位が30メートルあまり低下していることが観測されている。その結果、グレート・プレーンズ南部でも数千もの灌漑用の井戸が涸れ、穀物の生産量に大きな打撃を与えている。しかし穀物生産量に対する灌漑の割合は20％程度であるので、中国やインド程には深刻ではないと見られている。

　隣国メキシコでも過剰な揚水による地下水の問題が存在している。さらなる人口増が見込まれる1億人強のメキシコでは水の需要が供給を上回り、メキシコシティの水不足は周知のこととなっている。農村部にも水不足の被害は生じており、グアナファト州などでは地下水位が、毎年2メートル以上も低下している。
　以上、多くの国で見てきたように、地下水の過剰な汲み上げによる減少は世界各地で起こっている。それに地下水の減少・枯渇はこれまで天候に関わりなく必要に応じて散水できた農業ができなくなることで、農業生産に直接大きな影響を及ぼすことになる。見方を変えれば、水の問題は食料の問題に大きく関わるため、原油枯渇の問題よりも重大かつ深刻な問題であろう。

3．加速される土壌の劣化・砂漠化

　目先だけのあくなき欲望は地球の資源や富を収奪し続け、健全な自然システムは急速に失われようとしている。まず、人類も含む多くの生物が生きて行く上で欠かせない森林とて例外ではない。天然林の消失の度合いには、

凄まじいものがある。現に、1日当たり消失している天然林の面積は約440平方キロメートル、これはほぼ種子島に匹敵する広さである。20世紀初頭、地球上には推定50億ヘクタールもあった森林も、現在は39億ヘクタールとなっている。

　森林を消失させる目的の1つに、農場や牧場の開発がある。通常は、森林を焼き払うという手段がとられ、この方法はブラジルのアマゾン流域、コンゴ盆地、それにボルネオで集中的に行われている。ブラジルでは大西洋岸の雨林の97％はすでに失われており、1970年以降、それまで手付かずだった、欧州の面積にも匹敵する広大なアマゾン川流域の雨林も急速に破壊されている。今ではその20％は消失している。この状況がさらに続き、もしこの雨林が消滅してしまったとき、その面積が広いだけに、気候に与える影響は尋常ではないことが懸念されている。それというのも、森林が破壊されてしまうと、その土地自体の保水能力はほとんどなくなり、降った雨水は直ぐに海に戻ってしまう。その上、植物の助けによるところの大きい水の蒸散作用もなくなるので、雲もできにくくなり内陸部に降る雨の量も少なくなる可能性が高い。

　一説によれば、アマゾン川流域で発生した雲はカナダ上空まで達し、そこで雲が雨となる際に放出する気化熱をもたらすという。その結果、気温はその分、温暖となり水にも恵まれることになる。他方、アマゾン川流域の気温は、雲ができる際に熱が奪われるので暑さが和らげられることになる。

　ブラジルの科学者、エアネス・サラーティーらが20年程前に発表した論文によると、太平洋から移動してきた雲が、状態が良好なアマゾンの熱帯雨林に雨を降らせた場合、25％程は流出するが、残りは大気中に蒸発し、雲になってさらに内陸部に運ばれて再び雨になって降ってくるという。この説から推しても明らかなように、内陸部に運ばれてくるこの雨水に依存しているブラジル中南部の農業は、アマゾンの熱帯雨林が牧場や農場に変えられると、内陸部へのこの水の循環が著しく減少して壊滅的な被害を受けることは明白である。総合してみれば、アマゾンの熱帯雨林の開発は何ら恩恵をもたらさ

ない上に、森林破壊に起因する大洪水、干魃、気候や気候変動に基づくその他の諸々の被害を受けやすい状況をつくり出す。

　規模が小さいとはいえ、その実例をかつて熱帯の楽園といわれたハイチで見ることができる。2008年現在の人口1,000万人のハイチ共和国は、以前は大部分が森林で覆われていたが、ここでは主に燃料用に木が伐採された。その結果、今では森林の面積は国土の2％にも満たない状況になっている。木がなくなったため、豪雨を吸収しようにも吸収するものを失い、土壌は侵食されて洪水と水不足を繰り返すようになっている。2004年9月のハリケーン「ジーン」では死者が1,500名、行方不明者1,000名以上といわれる程の状態で、今やハイチは経済的にも生態的にも「下方スパイラル」に陥っている。外国からの食料援助と経済援助なしでは、飢餓が発生して人口も減ると見られている。ハイチは、森林破壊がこのまま続いた場合に世界はどうなるかを示す縮図といわれるようになっている。

　薪の需要を満たすための森林伐採は、アフリカのサヘル地帯（サハラ砂漠南縁部）やインド等でも急速に進んでいる。周辺の森林が持続的にもたらしてくれる薪の収量を需要が上回るにつれ、森林は需要地より次第に遠ざかり、輸送の費用が増大し、結果的に輸送費用が低くてエネルギーの集約度の高い木炭の生産に拍車がかかっている。アフリカのセネガルの都市ダカールでは、500キロメートルも離れた場所から木炭が運ばれている。東アフリカの人口1,300万人の国、マラウイでは木炭の製造やタバコの葉を乾燥させるため森林の伐採が続いており、数年間で同国の森林被覆率は国土の47％から27％にまで下がって、ハイチに似た一連の出来事が生じ始めている。生物学的に豊かなマダガスカル共和国の熱帯雨林も急速に消失している。木炭を作るためと増える人口を養うための農地開発のためである。マダガスカルも、灌木と砂が広がる国になる日も近いとされている。

　このように多くの国々で森林破壊が続いている中、パーム油の需要増大を背景にボルネオ島のマレーシア領では、1998年から2003年にかけて年間8％増の割合でアブラヤシ・プランテーションの面積を拡大させてきた。同島の

インドネシア領のカリマンタン州では、アブラヤシの作付面積増は11％超とさらに大きい。バイオ燃料の原料として注目されているパーム油、今後もさらなる需要が見込まれれば、引き続きボルネオ島などに残されている熱帯雨林を脅かし続けることになる。

　東南アジアやアフリカで急速な森林の消失を招いているもう１つの要因に、木材やパルプを得るための伐採がある。ここで伐採を行うのはほとんどの場合外国企業で、彼らの関心は持続可能な収量を維持することよりも、目先の木材等の生産量を最大化することにある。そのため、森林を管理することなどには頓着せず、一旦ある国の森林が消失すれば企業は別の国に移る。そこに残されたものといえば、ただただ、荒廃した土地のみとなる。かつて熱帯雨林産の硬材の輸出で栄えたナイジェリヤやフィリピンも、今では木材製品の純輸入国に陥っている。

　耕地面積は地球の陸地の約１割、放牧草地は面積の約２割といわれ、その大部分は半乾燥地になっている。放牧草地は概して乾燥、急傾斜、痩せ地といった農業には適さない土地である。このような土地に、世界中で推定１億８千万の人達が、牛、羊、山羊等の家畜を飼って生計を立てている。食料と仕事を畜産経済に強く依存している地域としては、中東、中央アジア、モンゴル、中国北西部、インドの大部分の地域、それにアフリカの多くの国々があるが、人口の増加とともに家畜頭数も増えているアフリカ、中央アジア、中東、インド全域で、草地の劣化という深刻な問題を起こしている。

　その程は、草地のほぼ半分が軽度または中程度、５％は極度の劣化といわれている。劣化が生じる原因は、草地に家畜が持続的に養える（牧養力）以上に放たれるためで、例えば1950年の時点でアフリカでは２億3,800万人の人間が２億7,300万頭の家畜に頼っていたが、2004年には人間の数が８億8,700万人、家畜の数は７億2,500万頭に達し、この状況は草地の牧養力を５割以上も上回っている。

　中東で最も人口の多い国の１つ、人口約７千万人を抱えるイランでも同じ

問題に直面している。この国では900万頭以上の牛に加え、絨緞用の羊毛を得るため、人間の数を上回る8千万頭もの羊や山羊を抱えている。その結果、いまや所によっては放牧草地が砂漠化した所もある。実際、砂あらしで南東部のバルーチスタン・バ・シスターンでは124の村が埋まり、牧草地も砂で覆われて家畜が餓死したため、廃村になっている。

　中国でも同様の問題に直面している。1978年の経済改革で政府の家畜頭数管理が不可能になったため家畜頭数が急増している。牧養力の面では中国とアメリカがほぼ同じと見られているが、両国の牧羊頭数には大きな差がある。まず、牛ではアメリカの9,500万頭に対して中国では1億700万頭、羊と山羊の合計ではアメリカの700万頭に対して中国の3億3,900万頭と圧倒的に多い。羊と山羊の放牧が多い中国西部と北部の各省では土壌を保護している草地を食べ尽くされて裸地と化し、土壌が風に吹き飛ばされる風食が起こっている。かつては生産力のあった放牧草地も不毛の砂漠と化している。このように中国は世界の主要国の中でも、最も深刻な砂漠化の影響を受けている。中国科学院沙漠研究所の報告によれば、砂漠化面積は1950年から1975年にかけて年平均1,560平方キロメートル、1975年から1987年までは2,100平方キロメートル、そして90年代の終わりまでには3,600平方キロメートルと急速に拡大している。中国政府は、さまざまな面で、砂漠化拡大の防止に向けての戦いを余儀なくされているが、それでも拡大する砂漠化の勢いは止まらず、年を追うごとに中国領土に占める割合は増している。こうした状況の下、過去半世紀で、砂の襲来で完全もしくは部分的に廃村になってしまった村の数は、中国の北部と西部で2万4千あまりに達するといわれる。

　中国の人達に限らず、モンゴルの北西部や西部で発生する砂あらしのことはよく知られているが、2001年4月5日に中国とモンゴルの北西部で発生した巨大な砂あらしは、中国を出た時の全長は1,800キロメートル、運び去られた表土の重量は数百万トンという。自然が何世紀もかけて形成してきた貴重な表土が、中国では砂あらしで大量に持ち去られてしまった。

　その影響は、同年4月18日にアメリカ・アリゾナ州境からカナダに至るア

メリカ西部に砂塵というかたちで表されている。黄砂の影響は日本や韓国でもしばしば受けるところとなっているが、2002年4月12日のソウルでの「黄砂あらし」は大変だった模様で、当日は学校は休校、飛行機は欠航、病院は呼吸困難の患者で溢れたと伝えられている。このような大型の砂あらしは毎年10回程発生している。この現象発生の発端は、過放牧で生態学的な大惨事として外からも見えやすい現象である。

　隣国のアフガニスタンでも、同じような状況に陥っている。土壌を安定化させるための草木が燃料集めや過放牧で失われてしまったため、砂丘の行く手を阻むものはなくなっている。そのため、パキスタンとの国境に近いレギスタン砂漠は西に移動し、農業地帯に侵入、北西部では、アムダリア川上流の農地に砂丘が侵入している。国連環境計画は「吹き付ける砂あらしで、最大100の村が埋まった」と報じているし、また「高さ15メートルの砂丘が道路をふさいでしまったため、住民は新たなルート作りを余儀なくされている」と伝えている。

　このように過放牧による砂漠化に限らず、伐採や耕作でも、土壌を保護している草木を取り除く行為は、その土壌を強風や降雨の流れに対して無防備にさらすこととなり、砂漠化の起因となる。大規模な砂漠化は、これまで見てきたようにアジアとアフリカに集中している。サハラ砂漠と南部の森林地帯に挟まれた広大な東西に伸びる帯状の地域、西はセネガル、モーリタリアから、東はスーダン、エチオピア、ソマリアに及ぶサヘル諸国でも、増える人間、増える家畜で砂漠化する土地が拡大している。1950年から2005年にかけて人口を約4倍の1億3,200万人弱と増やしたナイジェリアは、家畜は600万から6,600万頭と増えて、毎年砂漠化で失われている放牧草地と耕地の総面積は35万1,000ヘクタールとなっている。

　いずれにしろ、生産力の高い土地をこれ以上失わずに済むか否かは、人口と家畜の増加を阻止できるかどうかにかかっている。

4．人口増と弱体化する生物多様性

　考古学のデータによれば、生命の歴史が始まってこのかた、5回の大量絶滅があったといわれている。最後の大量絶滅はおよそ6,500万年前、その原因は小惑星が地球に衝突したためという。衝突で途方もない量の粉塵と岩石の破片が大気に充満し、その結果で起こった急激な寒冷化で、恐竜も含む多くの生物種が消滅、その程は全生物種の少なくとも5分の1に達するという。そして第6回目の大量絶滅が今起ろうとし、我々はその入口に立っている。しかも今回のものは、自然現象の変化によって引き起された過去のものとは違い、我々、人間に起因している。

　多様な生物種が姿を消すことは、共存共栄の関係で成り立っている生態系が崩壊することを意味している。具体的には、牛の大量放牧や木材を手にするために、地球上に残されている数少ない大規模な原生林は、どこも破壊の脅威にさらされている。とくに、ブラジルのアマゾンでは、違法かつ急速な伐採や焼き払いで、近年では18秒間で1ヘクタールという速さで雨林が消滅していると見られている。

　この状況は大きなCO_2の吸収源を失わせるばかりか、あらゆる種類の生物も生息地が破壊されることによって脅かされ、結局は彼らが持っている壮大な遺伝情報をも失わせることになる。今や、このようなかたちの環境破壊に加えて、「気温の上昇による生息地の撹乱」「化学物質による汚染」「外来種の導入」等が動植物の絶滅を加速させ、人間の数が増す反面で生物種の数は減少し続けている。実際、絶滅の危機に瀕している種の割合は、今や2桁に達しているといわれている。すなわち、世界で生息するほぼ1万種の鳥類の12％、4,776種の哺乳類の23％、調査した魚類の46％が、こうした状況にあるという。

　より具体的には、例えば生物多様性の有用な指標といわれる鳥類、生息が確認されている9,775種の鳥類の約70％が個体を減らしているし、そのうち

の1,212種は絶滅の恐れがある。その原因のほとんどは生息地の消失と劣化といわれ、例えばシンガポールの低地雨林の広範な消失で、61種もの鳥が局地的にすでに絶滅している。そのほか、パキスタンとその周辺諸国に広く生息していたノガンは狩猟によって、世界に生息する17種のペンギンのうち10種は恐らくは地球温暖化が原因で、絶滅の危機に瀕している。

　哺乳類では、中でもヒトを除く240種の霊長類が最も存続が脅かされている。世界の霊長類の約40％に当たるおよそ95種がブラジルに生息しているが、すでに明らかにしているように生息地が非常な勢いで破壊されていて、大きな脅威になっている。西および中央アフリカでは森林伐採による生息地の破壊に加えて狩猟も脅威を与えている。遺伝学的にも、その社会行動から見ても、人間に最も近い類人猿、ボノボは、コンゴ民主共和国の密林に集中的に生息しているが、ここでもたった20年程の間に、1980年の推定10万頭から現在は3,000頭と、その数を激減させている。

　そうした中、最も危機的な状況にあるのは魚類と見られている。その主たる原因は、乱獲、水質汚染、それに、河川等からの過剰な取水である。淡水魚の場合、北アフリカでは、湖と川に生息していた魚種の37％がすでに絶滅もしくは絶滅寸前と推定されているし、およそ10年の間に、10種の淡水魚が姿を消している。メキシコの半乾燥地帯では、原産および固有魚種の68％が姿を消したという。ヨーロッパの状況も同様に深刻で、淡水魚193種のうち約80種が絶滅に向けて問題視されている。また、南アフリカでは、生息する94種の魚類のうち3分の2が、絶滅を回避するため特別な保護を必要としている。

　海洋で、近年急速に姿を消しつつある動物種に、ウミガメ種の一種、オサガメがある。体重が360キログラムにも及ぶものもあるといわれるこの亀の個体数は、1982年の時点では11万5千頭、それが1996年には3万5千頭程と

第1章　点描―世界で見る不安な現実

図1－2　白化した白保のサンゴ[2]

激減している。産卵地の1つ、コスタリカ西海岸のプラヤグランデでも、産卵するメスの数が1989年の1,367頭から1999年の119頭と激減している。

　多くの海洋生物の生息場所として重要な役割を果たしているサンゴ礁も、例外ではない。世界資源研究所の報告によると、年間31億ドルもの財とサービスをもたらすカリブ海のサンゴ礁の35%は、汚水、海底の堆積物、それに肥料汚染によって、生存が脅かされている。また、15%のサンゴ礁は観光船が排出する汚染物質が脅威となっている。

　世界屈指の美しさを誇る紅海のサンゴ礁も、破壊的な漁業、浚渫、汚水などの影響で絶滅の危機にある。海中に注ぎ込まれる太陽光が遮られればサンゴの成長は阻害され死滅に追いやられる。

　このほか、バングラデシュやモルディブなどの地域でも、45%のサンゴ礁が破壊されている。サンゴ礁の死滅は白化という形で現れるが、白化に追いやるものにはオニヒトデの食害や海水温の上昇も取り沙汰されている。世界屈指のサンゴの群落といわれる沖縄・石垣島の白保のサンゴ礁も、写真のように白化を呈している。たかがサンゴと思うかもしれないが、サンゴ礁はす

でに述べたように海洋生物の重要な生息場所を提供しているばかりか、海水中の炭酸カルシウムを摂取して骨格を作る等、地球温暖化に関する重要な役割を果たしている。炭酸カルシウム（$CaCO_3$）を高温で加熱すると分解してCO_2が発生する。このことからも明らかなようにサンゴ礁が増えることはその分、CO_2を固定、海水中のCO_2の濃度を減らすことに寄与しているのである。それらの点から見ても、サンゴの白化は由々しき問題といえる。

そのほか、比較的新しい生物への脅威として、外来種の導入がある。一般にはあまり重大視されていないが、導入された地域の生物群集を変容させ、在来種を絶滅に追い込むケースも見られている。国際自然保護連合の「レッドリスト」に載っている鳥類のうち30％は、外来種導入の影響を受けている可能性が高い。植物については、リストにある種の15％に外来種が関わっている。

5．二極分断された世界の健康への脅威

世界で最も豊かな10億人と最も貧しい10億人との社会的、経済的格差は大きく、その差はさらに拡大している。かかる経済格差の影響は、栄養状態、教育水準、病気、出生率、平均寿命等に顕著に現れている。

世界保健機構のデータによれば、世界で約12億人が栄養不足で体重が標準を下回り、さらには日常的な飢餓状態に置かれている。病気のパターンも格差を映し出しており、貧しい人たちはマラリヤ、結核、赤痢、エイズといった感染症に苦しんでいる。栄養不足は、人々の免疫を弱らせ、病気による犠牲者を増やし、毎年数百万人の人達が命を落としている。

安全な水は健康維持には必須であるが、その要件は叶わず、赤痢やコレラなど、水が媒介する病気で年に300万人以上が死亡、しかも子どもたちが最大の犠牲者になっている。乳児の死亡率にしても貧富の差が現れており、豊かな社会の平均乳児死亡率は出生1,000件当たり8件であるのに対し、最貧国では平均97件と高く、豊かな社会の約12倍にもなっている。

飢えは、貧しさを顕著に示す。国連食糧農業機関が見るところでは、世界で8億5,200万人が慢性的な栄養不足状態となっている。しかも貧富の深い溝は、教育水準にも現れている。先進国ならば初等教育を受ける年齢に達すれば学校に通うのは普通であるが、途上国ではその年齢になっても学校に通わない子供たちが、1億1,500万人もいる。その結果、8億人近くの成人が読み書きができず、成人に読み書きを教えるプログラムもないため、貧困から抜け出ることも難しくなっている。こうした非識字者は人口密度の高い小数の国に集中しており、その大半がアジアとアフリカに位置している。

他方、これとは対照的に、最も豊かな10億人の人々の場合は多くの場合で食べすぎや肥満状態にあって、大半がカロリーの過剰摂取と運動不足で苦しんでいる。こうした状況に加えて喫煙、糖分・脂肪分の多い食事、そして不摂生な生活がこれに追い討ちをかけ、高血圧、心臓病、糖尿病などで多くの人が亡くなっている。

しかし、健康への脅威は、こうしたことだけに止まるものではない。貧富の枠に止まらず、1981年にエイズ（HIV）が確認されて以来、その感染は世界中に広まっている。90年までにおよそ1,000万人がこのウイルスに感染し、2004年末までの感染者数は7,800万人、そのうち3,800万人が死亡している。HIVの感染率は高くなる一方で、有効な治療法がないことも由々しき問題である。

しかも、HIVの流行は限られた分野のできごとではなく、生活のあらゆる面に影響している。サブサハラ地域の多くの国では、HIVによる農業労働者の減少で食糧の生産量が減り、老人や子供といった弱者の飢餓が深刻化している。その他の国でも、若年成人の多数の死亡や病欠が経済活動の低下を招いている。すなわち病欠の増加や生産性の低下、従業員の死亡による補充採用や新人のトレーニングなどの負担で企業の利益を食いつぶし、健康保険コストも増えて赤字転落を余儀なくされたところもある始末である。

HIVの影響は教育界にも及んでいる。ザンビアでは2001年にHIVで死亡

した教員は815名で、この数は、同年に新規教員採用数の45%に相当している。生徒にしても、両親もしくは片親を失うことで、経済的な問題が子どもたちの通学を不可能にしている。医療保険関係へのHIVの影響も深刻で、アフリカ東部や南部での多くの病院ではエイズ患者がほとんどのベッドを占めているため、他の病気の患者の治療ができなくなっている。

エイズの流行によって多数の孤児が取り残され、サブサハラ・アフリカでは、2010年までに1,840万人ものエイズ孤児を抱えることになると見られている。アフリカではストリート・チルドレンが数百万人にも達し、アフリカ独特の大家族制も成人家族の死亡で崩壊の危機にある。そうした状態下で、小さな子どもまでもが、しばしば、自活せざるを得ない状況に置かれている。一部の少女は生き残るために売春し、これがまたエイズ蔓延に加担している。

現在、エイズの蔓延はアフリカに集中しているが、大気汚染や水質汚染は、世界各地で人々に健康被害を及ぼしている。脳性麻痺から精巣萎縮に至る約200種の病気は、環境汚染物質と関連があるといわれている。例えば、悪性腫瘍、心臓病、腎臓病、高血圧、糖尿病、皮膚炎、気管支炎、多動性障害、難聴、精子損傷、アルツハイマー病、パーキンソン病等、枚挙にいとまがない。

2005年7月、アメリカの病院で生まれた新生児10名を無作為に選び、臍帯血を分析したところによれば、合計287種類もの化学物質が検出されたといわれている。そのうちの180種類の物質は人間や動物にとって発がん性があり、217種類は神経系に有害、208種類は発育不全を及ぼすことが、動物実験で明らかにされている。

大気汚染が原因で死亡する人の数は、アメリカで年間7万人、フランス、オーストラリア、スイスでは約4万人で、汚染の多くは自動車の排ガスが起因している。世界保健機関の推定では、大気汚染物質による死亡者数は、世界で年間3百万人とされ、この値は交通事故による死亡者数の約3倍と見られている。

こうした化学物質に加えて健康面で懸念されている物質に、鉛、ヒ素、カ

ドミウム、水銀などがある。原因は産業公害による被害ともいうべきもので、その典型的な例をロシアのウラル山脈のふもとの工業都市カラバシで見ることができる。そこでは多くの子ども達が、こうした物質による中毒で苦しんでおり、先天性異常、神経障害、ガン、免疫機能の低下などの病気を患っている。

　他方、水銀がもたらす強力な神経毒については、世界の多くの地で懸念を強めている。それというのも、水銀は石炭火力発電所のある国や金鉱がある国の多くで環境中に放出されているからで、金の採取が行なわれているアマゾンでは年間推定で約9万トンの水銀が垂れ流されている。石炭火力発電所からの水銀は、結局は水路に沈殿することから、河川や湖沼を汚染、ひいては魚介類を汚染することになる。ちなみに、アメリカの石炭火力発電所からは、年間約4.5万トン以上の水銀が大気中に放出され、アラスカとワイオミング州を除く48州で、河川や湖沼が水銀で汚染されているため、魚介類の摂取を控えるよう3,221件の勧告が出されている。それにも拘らず、毎年アメリカで出生する400万人程の乳幼児のうち66万人強が、水銀による神経障害を発症する可能性が高くなっている。

　いずれにしろ、今日製造されている化学物質の正確な数は把握されていないが、現在使用されているものだけでも10万種強、農薬の発ガン性については常々耳にするところとなっているが、これらの脅威に関して未だ十分に対処しきれていない。また内分泌撹乱物質など、環境中に放出されている化学物質の健康に及ぼす影響については、かなり知られるところになってきたが、内分泌撹乱物質は人間だけに止まらず、他の多くの種の生殖機能や発育過程をも撹乱することが明らかになっている。

6．放射能の恐怖にさいなまれる未来

　世界の原子力発電所（以下：原発と略記）の基数は建設中や計画中のものも含めて、2006年末現在511基、運転中のものは429基で、これらが毎日、せっせと放射能を環境に放出しつつ、他方で放射能のゴミを増やし続けている。

原子力発電はCO₂を出さないので地球の温暖化が防げて「地球にやさしい」などという台詞は、発電時に対してのみ通用する台詞であって、実体はエネルギーを浪費させても絶対に温暖化防止には寄与しない存在である。その上、放射性廃棄物というすこぶる厄介な副産物を産み出し続けている。

　ところで、原発で燃やされる核燃料は、複雑な工程を経て作られている。また、その燃焼に伴って発生するさまざまな放射性廃棄物の後始末も必要となる。この全体の流れが核燃料サイクルといわれているが、このサイクルはウラン鉱石を採掘するところから始まる。その後、鉱石の製錬とウランの抽出、ウラン235の濃縮、二酸化ウランにしてペレット化、これを焼き固めて金属のさやの中に詰めて燃料棒にし、これを束ねて燃料集合体にする。ここまでの工程を核燃料サイクルの「上流」と称している。

　次に、原子炉で燃やされた燃料の後始末が「下流」で、ここでは2つのやり方がある。1つは使用済み燃料をそのままゴミにする方法で、他は再処理する方法である。

　使用済み燃料の中には、燃料としてまだ使えるウランの燃え残りと、新しく生れた超危険な物質プルトニウムが含まれている。これらの物質を取り出すのが再処理で、取り出した残りの物質が高レベル放射性廃棄物として捨てられることになる。世界的には、せっかくさやの中に収まっている厄介な放射性物質を再処理することで外部に取り出してしまい、結果的には環境をさらに放射能で汚染してしまうこともあって、多くは再処理しない方法が採用されている。

　しかし、再処理を行なっている所が世界で3ヶ所ある。1つはイギリスのセラフィールド、2つ目がフランスのラ・アーグ、それに日本の青森県六ヶ所村である。無論、当初は再処理を行なうそれなりの理由はあったが、現在では再処理を行なう理由も価値も全く失っている。そればかりか、処理は巨費を要求し続け、原発が1年間にわたって環境中に放出し続けた放射能の累積量を、再処理工場ではたった1日で捨てるという凄まじい代物である。しかも、それ程の犠牲をはらってプルトニウムを取り出してみたところで、そ

第1章　点描―世界で見る不安な現実

図1－3　桜の花の異変（九州電力川内原発ゲート前の桜）[3]

の使いみちは閉ざされている。実際、核燃料として使うはずの高速増殖炉なる技術が確立されていないばかりか、経済性の面でも破綻が明らかになっている。用途があるとすれば核兵器としての使用があるのみである。こんな代物を取り出すために日本はこれまで再処理工場に2兆3千億円もの巨費を投じてしまっている。その上これからもさらなる愚行を続けようとしている。

　さて、未来世代の生存を脅かす環境の放射能汚染、例えば原発から環境に放出される放射能による影響は、自然界から受ける放射能に比べても小さいから心配ない等と、一般の人達は聞かされていよう。しかし、全面的に信じてしまって良いものだろうか。

　ここに示す花を見れば、その真偽の程が分かる。巷ではあまり見かけないこの花は、原発の近くで生育している桜（ソメイヨシノ）の花である。この木の花をさらにつぶさに調査したところによれば、約13％の割合でこうした異常が確認され、これから十分に離れた場所にある桜の花びらの異常は0.0015％であったといわれている。この実体からも、原発周辺に住む人達は何らかの影響を受けていると見るのが妥当であろう。

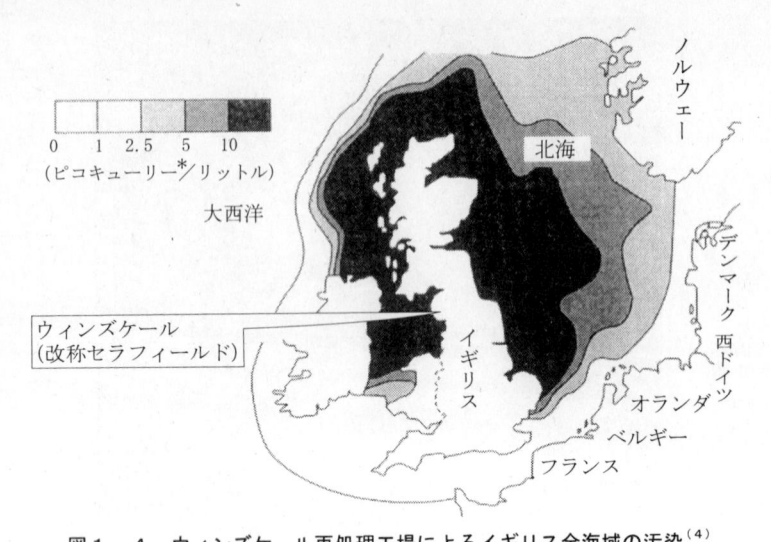

図1-4　ウィンズケール再処理工場によるイギリス全海域の汚染[4]
＊：1キュリーとはラジウム1グラムあたりの放射能の強さで、正確には1秒間に370億個の放射性壊変を起こすような放射性物質の量である。1ピコキュリーは1キュリーの1兆分の1である。

　この事実から推して、これの数百倍の勢いで環境を放射能汚染するといわれる核燃料再処理工場、その影響の実体はどんなものかは容易に想像できる。例えば、フランスの再処理工場の実体については残念ながらあまり明らかにされていないので、想像の域に止まるところも少なくないが、イギリスのセラフィールドの場合は、図1-4で見られるように、イギリスやノルウェーの海を広く放射能汚染している実体が明らかにされている。
　また、プルトニウムの汚染は、図1-5で見られるように、ノルウェー沖より北極近くのほうが酷く、北極海は吹き溜まりのような状態になっている。ここで問題のプルトニウム240は、239に比べれば半減期が短いといえ6,500年、人間の寿命から見て絶対に消えないと考えても、決して過言ではない。放射性廃液は、放流管から海へできるだけ広く、かつ遠くへ流れていくよう放流されている。こうした蛮行の意図するところは廃液を大量の海水で希釈させることで、見掛上、問題が無きが如くに見せかけることにほかならない。

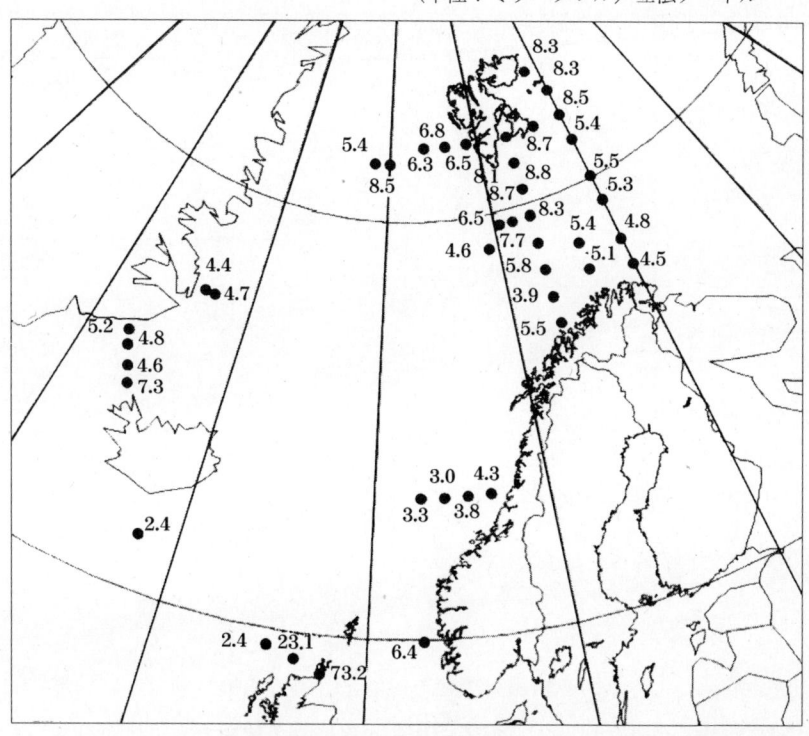

第1章　点描―世界で見る不安な現実

(単位：ミリベクレル*／立法メートル)

＊：ベクレルも放射能の強さ（＝放射性物質の量）を示すもので、1ピコキュリーは0.037ベクレルに相当する。1ミリベクレルは1ベクレル（Bq）の1,000分の1であるので、1ピコキュリーは37ミリベクレルとなる。

図1－5　プルトニウムの汚染[5]

このようにイギリスを取りまく海域は、広く放射性物質で汚染されており、その結果1980年頃の調査では、英国近海の魚は、日本産に比べ千倍以上の放射能を持っていることが明らかにされている。[3]具体的には、英国海岸産のヒラメや鱈は、1グラム当たり40～50ピコキュリー程の放射能になっている。したがって、こうした魚や海産物を多く摂取することは、身体をより多く放射能汚染することに繋がり、魚等を食べることに対する規制が必要になってくる。魚を食べることが少ない英国でさえ、規制がなされているのが実状で

表1-1 再処理工場からの年間放射能放出量（TBq[*1]）[(6)]

核　種	半減期	形　態	ラアーグ[*4]	六ケ所[*5]
トリチウム	12.3年	G[*2]	80	1,900
		L[*3]	12,900	18,000
炭素14	5,730年	G	19	52
		L	10	—
クリプトン85	10.7年	G	300,000	330,000
ヨウ素129	1,600万年	G	0.0074	0.011
		L	1.83	0.043
ヨウ素131	8日	G	—	0.017
		L	10	0.17

*1）単位TBqはテラベクレルで1ベクレルの1兆倍。　*2）Gは気体の意味。
*3）Lは液体の意味。　*4）ラアーグに対する値は1999年の放出実績。
*5）六ケ所に対する値は推定放出量。

ある。

　既に述べたように、燃料再処理については、日本も例外ではない。本格的に行なわれるようになれば、英仏よりもさらに酷い状態で太平洋や日本海が広範に放射能汚染されることが懸念され、魚介類など海産物をことさら多く摂取する日本人にとっては、極めて深刻といわざるをえない。自らの手で、食文化を否定するような事態を招くような行為を、行なおうとしている。

　表1-1は、六ヶ所再処理工場が本格的に稼動した場合の放射能放出量をラアーグ再処理工場の場合と比較して示したもので、総じてより多くの放射能が放出されることが予想されている。

　実際、未だ試験的な稼動段階であるにも拘わらず、参考までに2008年4月から2009年3月までの1年間に大気中に放出された放射能は表1-2の通りで、放出の事実は、周辺空気中の水蒸気に含まれているトリチウムの濃度が自然界の濃度の3〜10倍程大きく計測されることからも認められる。また、2006年4月から2009年2月までに205回に亘って海に捨てられた放射能は、

表1−2　大気への放出放射能

核　種	放出放射能（Bq）
クリプトン85	1.8京
トチリウム	3.7兆
炭素14	1.4兆
ヨウ素129	2億
ヨウ素131	580万
その他	26万

　公表値でトリチウムが2,117兆ベクレル、ヨウ素129は15兆4,300億ベクレル、ヨウ素131は5,600億ベクレルで、当事者は「海水で薄まるから大丈夫」と説明している。

　いずれにしろ、公共物の環境を台無しにするこのようなことをしてウランやプルトニウムを回収したところで、跡には死の灰を大量に含んだ廃液が残るのみである。この液をガラスと一緒に固め、キャニスターと呼ばれるステンレス製の容器に詰めたものがガラス固体化で、ガラスと混ぜてあるので安定しているとされている。しかし、高レベル放射性廃棄物の放射能の寿命には何百万年を超えるものもあり、それだけの長期間、放射能を閉じ込めておける保証もなければ経験もない。あるのは、願望のみである。

　こんな状況を反映して、固化体を置いておく処分地は、どこの国でもなかなか決まらないし、決まる気配すら見えていない。それでもなお、現況下では使用済核燃料は日々増え続けているし、遠からずして廃炉も次々と出てくることになる。だからといって、それらをそのまま放って置くわけには行かない。いずれのものに対しても、放射能の環境への漏洩という事態が起こらぬよう厳重な監視と管理が要求される。しかも、百万年ともいわれる長期間にわたってである。これを怠れば、その報いは生存が危ぶまれる事態となって表れる。これが、原発を利用する者に対して課せられる義務的な宿命である。しかもこの宿命は、何の関係もない子孫までにも及ぶところに、人道的な問題もはらんでいる。この現実もまた、未来に跨がる世界の不安材料の1

つである。

参考資料
（1）レスター・ブラウン、プランB2.0、ワールドウォッチジャパン（2006）
（2）WWFさんご礁保護研究センター撮影
（3）川内原発建設反対連絡協議会パンフレット
（4）水口憲哉、放射能がクラゲとやってくる、七つ森書館（2007）32頁
（5）同上、33頁
（6）グリーンピースジャパンホームページ資料（2008）

第2章　エコ・エコノミー社会とソフトパス

１．エコ・エコノミーとは

　現在の市場は、資源を効率的に配分したり需給バランスを容易に調整できる点で素晴らしいシステムといわれている。資源の希少性や供給過剰はすぐに価格に反映されるからである。しかし経済の規模が拡大しグローバル化した今日では、これまでの市場経済システムでは立ち行かなくなりつつある。それというのも現在の市場に対しては

①自然が提供している諸々のサービス、例えば汚れた大気や汚水、それに自然廃棄物の浄化とかいった、これまであまり気に止めていなかったが、極めて重要な事柄に対する価値の評価がほとんどされていない。
②森林資源や水産資源など自然が供してくれている資源物に対する、持続可能な限界生産量といったことへの配慮が足りない。
③対象にしている評価の期間が、概して短期的で未来世代への配慮が不十分である。
④消費財など財やサービスの供給に伴って発生してくる間接的な費用が、価格に適切に盛り込まれていない。

等といった根本的な欠陥が指摘されている。もし、世界の経済を持続的に発展させたいのであれば、社会的および環境的な費用を価格に反映させた公正な市場を早急に構築する必要がある。すなわち、このような市場の欠点と、そこから派生してくる経済実体の歪みを正さなければ、いずれは致命的な状況を招きかねない。現況の経済は、いうなれば生態系の赤字の上に成り立っている状態ということになる。

　さて、アメリカの環境学者、レスター・ブラウンはエコ・エコノミーなる

ものを提唱している。[1]この経済の考え方は、「環境は経済の1部ではなく、経済も環境の1部ででしかない」という考え方に基づいている。言い換えれば、環境を第1に考えた経済活動を主張している。エコ・エコノミーへの転換は環境革命ともいえる程のもので、かつての農業革命や産業革命にも匹敵するという。となれば、一筋縄では行かないことは、容易に想像できる。農業革命は、狩猟と採集を主とした牧畜型生活を耕作を主とした定住生活に転換させた。その結果、この革命は最終的には、陸地面積の約1割相当を切り拓かせて、地球の表面を変容させた。

他方、産業革命は薪炭から化石燃料へのエネルギー転換であり、これによって経済活動は飛躍的に拡大した。すなわち、この革命は、地下に化石燃料という形で保存されていた太陽エネルギーを短期間のうちに利用することを可能にした。そのため今度は、その副産物で、地表ではなく、大気の状態を変容させている。その結果、周知のように、これが主たる原因となってさまざまな環境問題が誘発された。そして、これが契機で起こった改革が、このたびの環境革命といえよう。

環境革命は、新しいエネルギー源への転換という点では産業革命と類似し、これも世界全体に大きな影響を与えるものであるが、規模、時機、起源には違いがある。この革命を施行するとあらば、真実のコストを市場に反映させるための税制改革も含む、多くの制度、政策、規制等への大きな見直しや変革が、当然求められるところとなる。

2. 現況経済の行方とエコ・エコノミー構築の処方

「社会主義は、経済の真実を市場に反映させなかったために崩壊した。資本主義は、生態系の真実を市場に反映させないために崩壊するかもしれない」、石油会社エクソンの元ノルウェー副支社長、オイスタン・ダーレはこう述べたという。エコ・エコノミーの提唱者、レスター・ブラウンも「化石燃料に依存した、自動車産業中心の使い捨て経済」という欧米型経済のモデルは、21世紀の世界では通用しないとしている。その1つの兆候がアメリカの大統

第2章　エコ・エコノミー社会とソフトパス

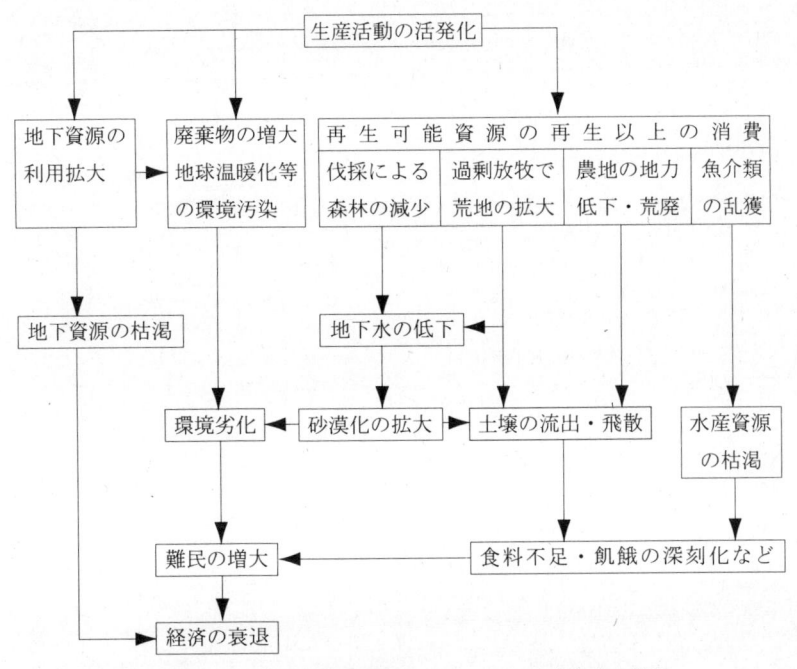

```
                    生産活動の活発化
        ┌──────────┼──────────┬──────────┐
        ↓          ↓          ↓          
   地下資源の   廃棄物の増大   再生可能資源の再生以上の消費
   利用拡大    地球温暖化等  ┌─────┬─────┬─────┬─────┐
              の環境汚染   伐採による 過剰放牧で 農地の地力 魚介類
                          森林の減少 荒地の拡大 低下・荒廃 の乱獲
        ↓                    ↓      ↓       ↓       ↓
   地下資源の枯渇          地下水の低下
                    ↓        ↓       ↓       ↓       ↓
               環境劣化←砂漠化の拡大  土壌の流出・飛散  水産資源
                                                      の枯渇
                    ↓                    ↓
               難民の増大←──────食料不足・飢餓の深刻化など
                    ↓
               経済の衰退
```

図2－1　経済成長優先の社会にみる経済衰退の道筋

領、オバマが打ち出した「グリーン・ニューディール政策」と見て取れる。環境革命のはしりといえようか。その政策では、再生可能エネルギー、いわゆる自然エネルギー（グリーン・エネルギー）の利用拡大が謳われている。

　こうした発言や動きが出てくる背景には、もはや世界は「自然の限界を越えて崩壊するかも知れない」という危機を、肌で感じ始めているからであろう。現に、既に見てきたように世界各地で森林は、凄まじい勢いで減少している。漁業の崩壊が広がっているし、砂漠化や草原の荒地化が進行している。多くの国々で地下水位が低下している。その上、いたるところで、CO_2の排出量が、自然の吸収・固定能力量を上回っている。それにも拘らず、なぜこうした環境の悪化が止まらないのか。

　原因の1つに、経済成長優先の考え方が未だに世界で幅を利かしていることが考えられる。しかし、そのへんの因果関係と行き着く先の道筋は図2－

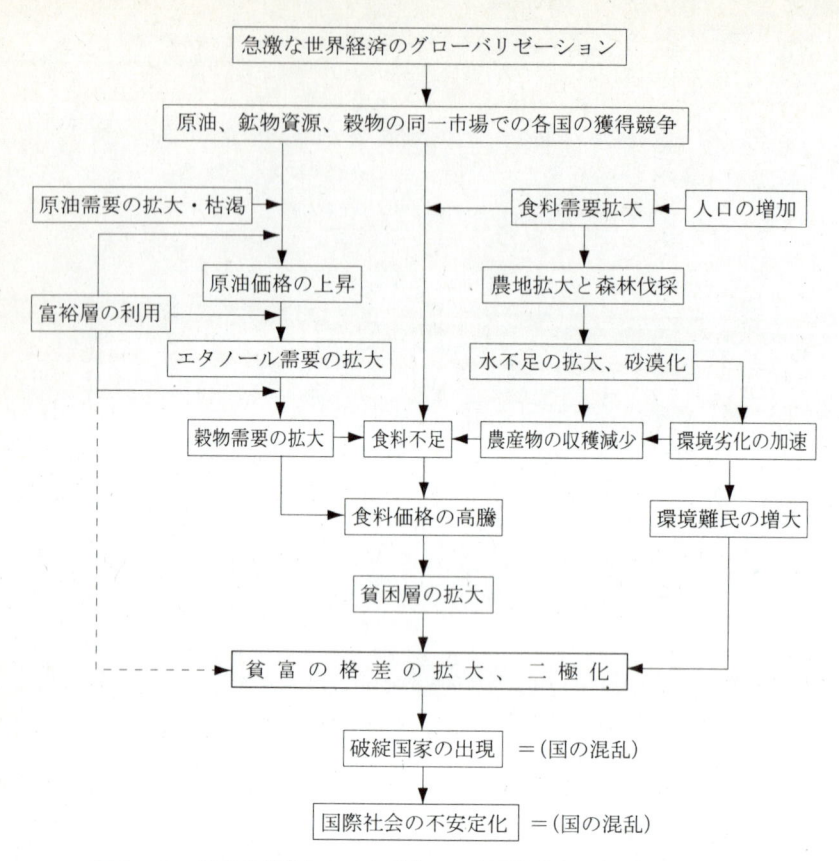

```
                    ┌──────────────────────────┐
                    │ 急激な世界経済のグローバリゼーション │
                    └──────────────────────────┘
                                 ↓
                ┌────────────────────────────────────┐
                │ 原油、鉱物資源、穀物の同一市場での各国の獲得競争 │
                └────────────────────────────────────┘
```

図2-2　現状の経済システムがもたらす国際社会不安定化のシナリオ

1でみるように、結局は意図していることは裏腹に経済もしぼんでいくことになる。その上、経済のグローバル化がさらに進み、より自由な経済競争が扇動されれば、各国の国内は元より国家間でも、貧富の格差が拡大して国の内外で混乱が生じよう。図2-2もその過程を示す1つの例で、この現象もまた間違いなく経済活動に大きな負の影響を及ぼすことになる。

　もし、かかる問題の根本的な解決を図るためには、既にあきらかにしているように、真実の費用が実体経済を正しく反映されるよう種々の策が講じられなければならない。ここでいう真実の費用には、当然環境コストも含まれ

表2−1　実施もしくは検討中の環境保全のための税の一例

税　名	実施場所	備　考
ゴミ税	ビクトリア市（カナダ）	排出ゴミ量18％減
渋滞税	ロンドン（英）	8ポンド
	メルボルン（豪）	
	シンガポール	
	オスロ（ノルウェー）	
新車購入税	デンマーク	2万5千ドルの車で5万ドル
車両登録費（引き上げ）	上海（中国）	$4,600／台
タバコ税	ニューヨーク（米）	
森林伐採税	ブルガリア	
	リトアニア	

ることになる。

　例えば、現況の経済指標では、仮に石炭火力発電による電力と太陽光発電による電力とを較べれば、発電単価は前者が圧倒的に安くなっている。しかし、前者の発電費には、石炭の大気汚染による健康被害や関係する医療費の増加分、酸性雨による被害、それに気候変動のコストなどが盛り込まれていない。いい換えれば、真実の費用が市場に反映されずに、経済が動いているわけである。この状態を是正するための有効な手段は、まず所得税から環境税へ重点を移す、いわゆる「環境税制改革」である。環境税の導入は、確かに環境破壊の大きな活動や産業を抑制するが、その反面、環境負荷の少ないものへの投資、育成が促進されるので、全体として経済活動がしぼむことはない。環境税導入の実例は、すでにスウェーデンに存在、加えて環境保全に向けての税制改革は、スペイン、イタリア、ノルウェー、それに英仏など欧州諸国で進められている。これに類似した課税の見直しは、表2−1でみるように、その他の国々でも行われている。

　政策上見直しを要する次なるものに、補助金のあり方がある。例えば、イラン国内では、石油の価格が世界の一般的市場価格の10分の1に抑えられており、これが自動車の普及・拡大とガソリンの浪費に手を貸している。同国

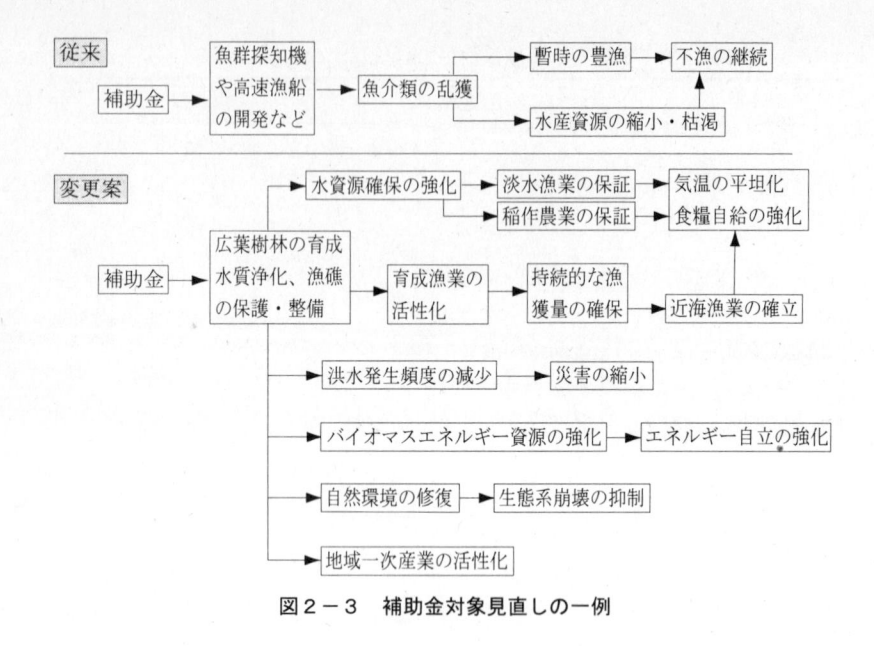

```
従来
           ┌─魚群探知機          ┌─暫時の豊漁──→不漁の継続
 補助金──→│や高速漁船 ├─→魚介類の乱獲─┤                  ↑
           └─の開発など          └─水産資源の縮小・枯渇─┘
```

```
変更案
                    ┌─→水資源確保の強化─┬─淡水漁業の保証─┐ 気温の平坦化
                    │                    └─稲作農業の保証─┤ 食糧自給の強化
           ┌広葉樹林の育成┐              ┌─育成漁業の─→持続的な漁─→近海漁業の確立
 補助金──→│水質浄化、漁礁├──────→│  活性化      獲量の確保
           └の保護・整備  ┘              │
                    ├─→洪水発生頻度の減少──→災害の縮小
                    ├─→バイオマスエネルギー資源の強化──→エネルギー自立の強化
                    ├─→自然環境の修復──→生態系崩壊の抑制
                    └─→地域一次産業の活性化
```

図2-3　補助金対象見直しの一例

はこのために年間36億ドルもの補助金を費やしているが、これが廃止されれば、CO_2排出量は約半分抑えられるという。もし、このようなエネルギー分野への補助金が廃止されれば、ベネズエラで26％、ロシアで17％、インドで14％等、CO_2排出削減が実現できるとされている。

　無論、環境を害する活動に補助金を費やしている国は、これらの国々に限られるものではない。石炭、石油、天然ガス、原子力等への補助は、アメリカ等の国々でもなお続けられている。石炭関連の補助金を全て廃止したとはいえ、日本も例外ではない。納税者は、非再生エネルギー資源の枯渇を促すための税負担をさせられている。

　それでは、補助金はどう使われるべきか。話を分り易くするために図2-3の例を使って説明する。この例では漁獲量を増やすために補助するこれまでのやり方が示されている。ここでは確かに暫時の豊漁が叶うかもしれないが、つまるところ資源が減少して、結局はさらなる事態の悪化を招くことは必至である。もし、この補助金の出し方をこの図の下のように改めてみたら

第2章　エコ・エコノミー社会とソフトパス

どうだろうか。その恩恵が広く多岐に及んで行くことが分る。この例は、補助のあり方はどうあるべきかを明確に示していよう。

　もう1つ、経済を環境面から再構築する策に、エコラベル制度がある。一部ですでに実践されているこの制度は、環境保全面から見て、健全な方法で生産されている製品に対しては認証ラベルを付けることを許し、他と区別化して消費者にその旨を明らかにするものである。それを買うか否かは消費者の選択に任されているが、この策で消費者は環境革命に直接参加する機会が与えられていることになる。

　こうしたエコラベル制度の1つの例に、漁業認証プログラムがある。この認証の実施には海産物を対象にしている海洋管理評議会が当っており、この認証を受けるには、その漁業が持続可能な方法で維持・管理されていることを証明する責務が課せられている。より具体的には

①その漁業量が、自然に保管される量を超えていないこと
②他の魚種に害を与えない漁法であること
③海洋生態系の健全性と多様性が保全されるよう漁業がおこなわれていること
④持続可能な漁獲活動ができるよう、関係する地域、国、それに国際レベルの機関が、定めた法律や規則を順守していること

等がチェック項目に挙げられている。

　同じようなことが林産業に対しても行われている。世界自然保護基金が創設した森林管理評議会による認証制度である。認証を得るための必須の要件は
　「木材生産が恒久的に維持できる方法で、林産業が運営されていること」であり、こうした方法で生産された木材、木製家具、事務用紙等の林産品に対しては、認証ラベルの添付が許可されている。

ＰＶグリーン電力証書
The Certificate of PV Green Power

環境教育番組
ドラゴンマンといっしょにわたしたちの未来を守ろう！ 殿

Serial No. PVG2008K09-02

SAMPLE

Certificate of Green Electricity (PV-Green)
PV Owner Network, Japan
pv-Green

グリーン電力価値量　　　：2,100 pvg
グリーン電力価値創出期間：2008年 3月 ～ 2008年 7月
グリーン電力設備　　　　：太陽光発電

この証書は、香川県内で、上記グリーン電力価値創出期間に発生した
グリーン電力価値を証明するものである。

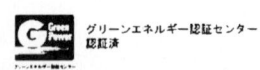

Green Power
グリーンエネルギー認証センター
認証済

発行者：特定非営利活動法人
太陽光発電所ネットワーク
〒113-0034
東京都文京区湯島1-9-10 湯島ビル202
TEL 03-5805-3577 FAX：03-5805-3588
MAIL：info@greenenergy.jp
URL：http://www.greenenergy.jp

図2-4　グリーン電力証書の一例

その他、今ではかなり知られるようになってきたもう1つの商品に、電力がある。水力を除く再生可能エネルギー源である風力、太陽エネルギー、地熱、それにバイオマスなどから起こされる電力を「グリーン電力」と称して区別化している。この電力の価値は環境負荷の少ない手段で発電されたことであり、この電力に限って、例えば、図2－4のような証書が同電力量に似合う分だけ認証ラベル代わりに発行され、これをその電力の利用賛同者らに購入してもらう。もし証書購入者数が多くなればグリーン電力の需要がそれだけ増えていることであり、発電所側にしてみればグリーン電力の供給をより多くするよう圧力が加わることになる。結果的にはエコ・エコノミー社会構築に一役買うことになる。

いずれにしろ、この制度は、現在グリーン電力証書制度として認知されているものであるが、経済システムがエコ・エコノミーになれば必然的にその役割が縮小する可能性も否定できない。

3. ソフトパス

ソフトパスの対語として、ハードパスがある。これら両者の違いをはっきりさせるため、これらに対するキーワードを対比させて示した表が、表2－2である。これを見ればすぐに気が付こうが、ソフトパスの方が環境保全面に対し格段の配慮がされている。試みにハードパスにおける廃棄物のキーワードが大量排出になっているが、これは従来の社会が、物質的な豊かさ、便利さ、快適さを追い求めてきた結果である。この指向はなお新興国を中心に衰えを見せていないが、次なる必須の条件、すなわち

①物質とエネルギーの資源は無尽蔵
②ものと熱のゴミの捨て場所は無限
③生命系は、時、場所を問わず安定的に存在

が、いずれも否定されてしまった以上、さらなるハードパスの追求は物理的

表2－2　両パスに対するキーワードの比較[2]

比較項目	ハードパス	ソフトパス
エネルギー源	鉱物など非再生物	バイオマスなど再生型資源
廃棄物	大量排出	少量・循環型
技術対応	能率向上	効率向上
運輸交通体系	高速・大量輸送	ゆっくり・少量輸送
交通手段	航空機・自動車	船、鉄道、自転車
発電	火力、原子力	太陽など自然エネルギー
制度	中央集権	地方自治
〃	官僚	NGO、草の根
〃	スペシャリスト	ジェネラリスト
知育	専門主義	教養主義
雇用	性差、格差	平等
労働形態	専門、分化	多少の分担
教育	エリート育成	判断力ある市民の育成
〃	偏差値主義	多様性主義

にも困難である。それならばどんな選択肢が残されているだろうか。

　確かに人間が便利な生活を送ろうとすれば、大なり小なり自然が破壊されてしまうことは、致し方ないことである。しからば、人間の生きる道は、自然を犠牲にしてでも便利な生活を追い求めて行くのか、それとも自然と共生するために便利な生活を放棄するのか、の2つしかないということになろうか。しかし、この論は極論で、便利さを犠牲にして自然を守る道も存在する。自然を犠牲にしたのでは人間は生きられない以上、この道しか残されていない。この道がソフトパスだということができる。この道を選択した社会は当然、エコ・エコノミーの社会にならざるを得ないであろう。我々は今その選択をする重大な岐路に立たされている。

参考資料
　（1）レスター・ブラウン：プランB2.0—エコ・エコノミーをめざして
　　　　（株）ワールド・ウォッチ・ジャパン、2006年5月

第2章　エコ・エコノミー社会とソフトパス

（2）エコロジー社会構築研究会編：21世紀エコロジー社会、七つの森書館
　　2001年2月

第3章　「緑の内需」政策が暗示する背景

1．必ずしも合致しないGDPの大きさと生活の豊かさ

　周知のように、GDPとは国内総生産の略語で、その意味するところは、ある一定の期間にその国が新たに築いた財やサービスの付加価値の合計である。しかも市場価格でその付加価値を単純に評価したGDPの大きさを名目GDP、物価の上昇・下落の影響を控除して評価したものを実質GDPといっている。(1)したがって名目GDPが増えても、実質GDPが増えなければ、経済活動が大きくなったとはいえない。

　さて、日本の名目GDPは1953年以降、年約50兆円程の額を維持し、OECD諸国の中で、アメリカに次ぐ世界第2位の経済大国と称されている。しかし、生活からはその豊かさを実感できない。それというのも、例えば2000年度の名目GDPは、約512兆円であったが、1955年の価値で見ると実質GDPは約88兆円程に縮小してしまうという実態がある。その上、公害で代表されるようなマイナスの経済活動は無論のこと、市場で取引されないものはGDPには入ってこない。しかも、ここで大きな問題の1つは、総額としてのGDP値が増しても、増加した資源の分配が偏って、金持ちはますます肥え、他方で多くの国民の所得が低下したのでは、たとえ国全体のGDPが増しても豊かな社会になったとはいえないことである。

　ましてや、生態系の赤字の上に成り立っているような市場経済下において、大気や水の汚染、廃棄物の増加など環境を悪化させながら経済活動を活性化させ、いくらGDPを大きくしたとしても、生活の豊かさの面では、それらがマイナス要因となり、決してプラスに寄与することはない。

　その具体的な好例が、医療費の関係かも知れない。環境が悪化して病人が増えればそれだけ医療活動が盛んになりGDP値を押し上げようが、豊かな社会になったとは決していえない代物である。むしろ生活そのものが陰鬱な

ものとなり、豊かな生活とはかけ離れたものになっていく。生活の豊かさを享受するには、社会全体が健全で安全、かつ全ての面でゆとりのある状況になければならない。

　環境軽視の政治や経済運営は、健全で安全な社会を構築する上で負の効果をもたらす。社会のゆとりは、何も金銭的な余裕のみを指すのではない。そこには時間的なゆとりも含まれるし、精神的なもの、文化的なものもある。しかも全体的にである。その点で貧富の二極化は好ましい状況とはいえない。

　現在、世界を席捲している市場原理主義的な政策、これを推し進めれば進める程、過度に競争が扇動されて精神的な余裕を失わせていく。その上に格差の増大を防ぐためにあった社会的な規制や財政支出も削っていけば当然、格差が広がり治安も悪化して社会の安全も脅かされていく。これでは、たとえ国のGDPが大きかろうと、国民は決して豊かな生活を享受できるはずがない。確かに努力しようがすまいが、受ける経済的恩恵があまり変わらなければ、意欲が削がれ、かえってGDPは低下するとの論もあるが、政策にはこの辺の匙加減が重要になってくる。

2．負の遺産から見える世代間の不公平

　遺産の意を辞書で調べると「死後に残される財産」とあり、「法律上は債務も含む」とある。財産と聞くと金銭的に価値のある資産や文化遺産のようなものを、通常は連想しがちであるが、債務のようなマイナスの価値を持つものもある。自治体や国のレベルでは、公債がそれに該当しよう。例えば、景気を良くするために減税政策を実施し、減った税金の穴埋めに国債を発行した場合に、その償還は将来の増税につながる。すなわち現世代の減税は先の世代の増税で賄われ、これは世代間の所得移転を意味している。もし償還の時期があまり遠くない将来であれば、多くの人達にとっては自分の借金を後で支払うようなもので、あまり問題はないが、償還がかなり先になれば話は違ってくる。将来の世代にしてみれば覚えのない借金の返済を強制的に負わされるわけで、これは世代間の不公平そのものといえよう。

第3章 「緑の内需」政策が暗示する背景

　物的なものについても同様である。文化遺産や世界遺産など後世に対してプラスの効果をもたらすものは有り難いことではあるが、逆に全く厄介物そのものになるものもある。経済的な負担や手間などを強制的に強いるものの、益を全くもたらすことのない存在物や状況がこれに当たる。これまでの日本における典型的な実例を探せば、例えば足尾鉱山鉱毒による周辺山岳や大規模な天然林の消失や水俣湾の有機水銀汚染などの環境破壊が、それに当たる。

　加えて、将来類似の存在に明らかになりうるものに、原子力発電にまつわる諸々の実害もある。現世代は原子力発電で電力という益を手にしているものの、その結果として、残される放射化された諸施設や核のゴミという負の遺産を、どう始末できるのか。ここに、人道的な課題も含む大きな問題が立ち塞がってくる。自分で蒔いた種を自分で刈り取れれば、結果に災いがあっても自業自得ということになるが、明らかにそうはいかないところにこの問題の本質的な難しさが潜んでいる。

　実際、原子力発電の燃料となるウランの利用できる量は、エネルギー量に換算して石油の数分の1、石炭の約50分の1、1年間に地球に届く太陽エネルギーに比較すると、図3－1から明らかなように、なんとわずか800分の1程度でしかない。この現状から推して原子力発電からの電力を手にできるのもせいぜい数十年、長くても我々の子供の世代で終わりを迎えそうである。それ以後は、ひたすら後始末を強制されるのみの世代となる。それというのも原子力発電が行われている以上、日々、刻々と放射性物質など負の遺産を増やし続けているからである。

　事実、原子力発電を行うにはどのような作業が必要で、またその過程でどれ程の資材やエネルギーが費やされ、かつ他方でどれ程の廃物が生まれているか、その辺の状況を、年間70億kWhの電力を得るための100万kW規模の系を例に見れば、図3－2のようになっている。日本の場合は、こうした廃物は「低レベル放射性廃棄物」として青森県六ヶ所村に次々と埋められており、国は、その安全確保のため300年の管理を必要としている。

　現在、日本には55基、4,900万kW分の原発が存在、毎年、広島原爆約5万

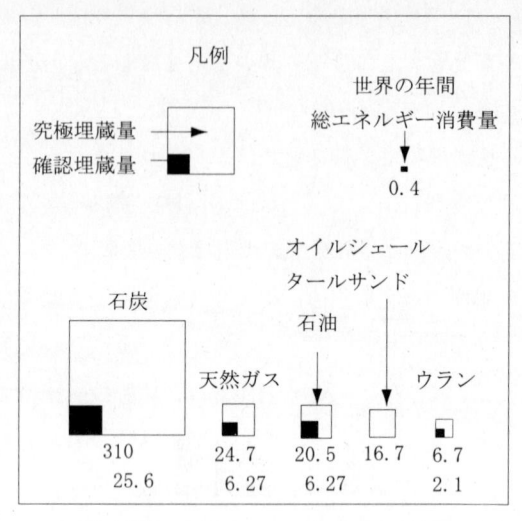

```
                    凡例
                                       世界の年間
              究極埋蔵量 ───▶         総エネルギー消費量
              確認埋蔵量 ■                    ▼
                                             0.4

                                  オイルシェール
                                   タールサンド
                           石油       │
                  石炭              ▼
                        天然ガス        ウラン
                  ┌──┐   ┌─┐   ┌─┐ ┌─┐  ┌┐
                  │  │   │ │   │ │ │ │  ││
                  │■ │   │■│   │■│ │ │  │■│
                  └──┘   └─┘   └─┘ └─┘  └┘
                  310    24.7  20.5 16.7  6.7
                  25.6   6.27  6.27      2.1
```

この図の外枠に囲まれている部分の大きさは1年間に地球に届いている太陽エネルギー量、5,400兆GJに当る
数字の単位は兆GJ　数字の上段が「究極埋蔵量」、下段が「確認埋蔵量」

図3－1　再生不能エネルギー資源の埋蔵量[2][3]

発分に相当する死の灰を生みだし、今ではその累積量は110万発分を超えているといわれている。[4]その上、100万kW規模の原発が引き起こす1年分の放射能汚染をたった1日で汚染してしまうといわれる燃料再処理を行えば、甚大な環境汚染と共に高レベル放射性廃棄物もまた、別の形で生み出されることになる。これなどは使用済み核燃料と共に、およそ100万年に亘って人々の生活の場から隔離された状態で、管理・保存されならないといわれている。[4]

　その管理・保存を、具体的にどう行おうとしているか。その概念図が、図3－3に示されているが、たとえ、この施設が成ったとしても、この状態がいつまで変わることなく維持できるのか。だれも分からないし、もし、災いがあってもだれも責任を取らないし、取りようもない。なにせ時代を移して邪馬台国の時代に遡ったとしても、それでもそれからの経過時間はたった約

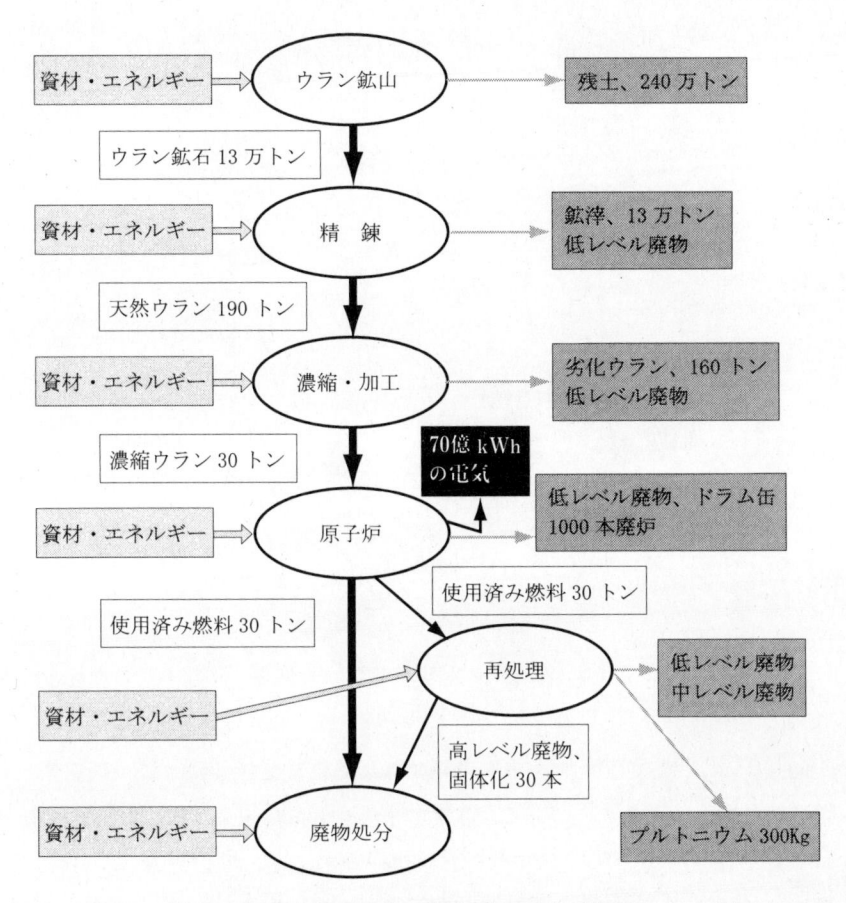

第3章 「緑の内需」政策が暗示する背景

図3-2 原子力発電を巡る一連の流れと投入される資材、エネルギー、かつ廃物（100万kWの系を対象）[4]

1,800年、このことを想えば、100万年後などという世界は、人類にとっては正に空想の世界でしかない。そんな先の世界で、人類はどうなっているか。存在しているのか居ないのかすら全く分らない世界、それまでこうした我々の影響を残す可能性のある行為とは、一体何なのか。もう一度、原点に立ち返って考えてみる必要があるのではないか。ここには世代間の不公平などといった生易しい次元の話を超えたものが、存在しているかも知れない。

59

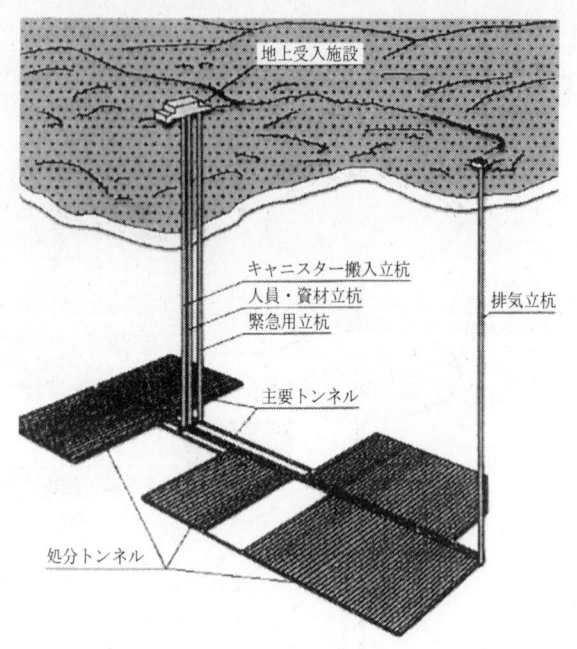

図3-3　高レベル放射性廃物処分場の概念[5]

　同じことが今、国際的に大きな問題になっている地球温暖化などの環境破壊に対してもいえることである。我々の子供達も含む未来世代は温暖化によってもたらされる、例えば異常気象や海面上昇などといった恐ろしい負の影響を受け取るだけでなく、現時点で既にその影響を受けている。この負の遺産による諸々の影響は末永く続くことが予想され、しかもその遺産をもたらす主たる原因が定説では化石燃料の多消費であることから、同燃料が使えなくなった以降の世代は、これもまた不利益のみを負わされることになる。同じような事例に、フロンガスによるオゾン層の破壊や有害物質による土壌汚染、森林の破壊や砂漠の拡大等もあり、数え上げれば切りがない。
　こうした世代間の不公平をもたらすに至った主たる原因は、一体何だったのか。ここで取り上げられている事例の多くは、環境に関わる問題であることも注目される。

3. もう限界の環境価値只乗りと末長いツケの支払い

　地球の気温は、地球が太陽から受取る放射エネルギー、すなわち日光と地球自身が赤外線のかたちで放出しているエネルギーとの量的なバランスによって決まっている。CO_2は温暖化ガスの一種として知られているが、もし大気中に温暖化ガスが全くなければ地球の表面温度は$-18℃$と計算される(注)。しかし、現実にはもっと高い温度が維持されており、しかも1980年代からの顕著な気温の上昇は、大気中のCO_2濃度の上昇の結果といわれている。

　この説を唱えているのは外でもない、IPCC（気候変動に関する政府間パネル）で、一般によく知られるところとなっているが、一部にはこの説に異を唱える動きもある。1980年代からの温暖化は石油をほとんど使わない19世紀から始まっていたとして、地球の自然現象によるというものである。しかし、CO_2の温室効果ガスの存在は物理的に調べられており、それ故に、たとえ近年の地球温暖化現象の一環であるとしてもCO_2の影響を全く度外視するわけにもいかないであろう。それというのも、もし温暖化にCO_2も加担していたなどと将来のいつの日かに明らかにされたとしても、その時にはもはや手遅れの状態で、手の施しようもないからである。しかも、図3－4で見られるように、氷床コア中に閉じ込められていた気泡を手掛かりにした古の大気中のCO_2濃度の調査結果と往時の世界の平均温度との間にはかなり明確な相関関係も認められている。

　さて、人類は産業革命以降、温室効果をもつCO_2を大量に排出、すでに気温を$0.7℃$上昇させているといわれている。もしこの上昇値が$2℃$に達してしまうと大変なことになるといわれ、低炭素社会への移行は必要・不可欠の世界的課題になっている。IPCCは、2009年の時点で先進国全体で25～40％のCO_2排出削減を必要としている。しかも、もし有効な温暖化防止処置を講じなければ、それによるツケの程は甚大で、到底金額などで表せるような代物ではないと予想されている。

　別のいい方をすれば、環境に無頓着な人類の活動による環境破壊は、今や

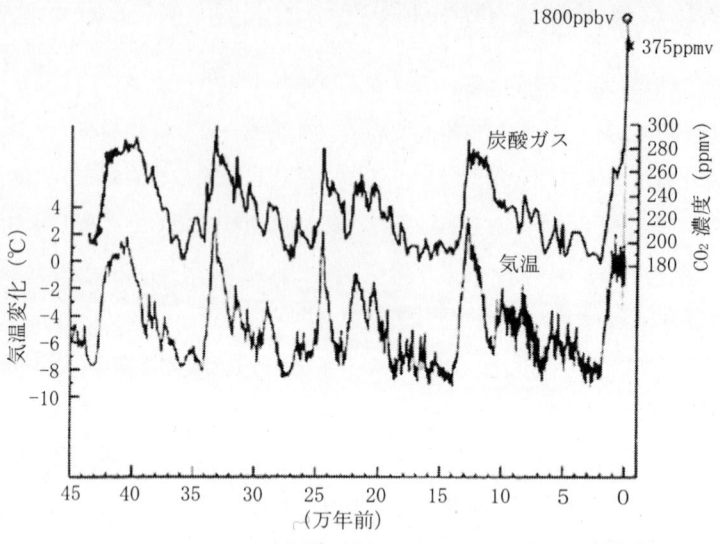

図3-4 過去を溯る氷河期等の時代の気温とCO₂濃度[6][7]

　自然の修復能力の限界を超え、環境価値の只乗りは、もはや許されない状況になっている。そのため世界のいくつかの国々では、すでに環境税のような制度の導入も試みられている。この策には、環境破壊当事者に応分の修復費を負担させる罰則的な意味合いも含んでいるが、今後も環境の破壊が止まらずさらにその度を増していけば、かかる制度の広がりはさらに強まるはずである。

　事実その背景には、深刻な環境悪化とそれによる大きな損失の発生という現実がある。しかもこうした策が、広く地球上で実施され、環境破壊行為が沈静化したとしても、それまでの破壊行為による報いは受けざるを得ない。例えば温度や海面の上昇、種々の絶滅や異常気象といった現象は、もはや止めようにも止めようがなく悪化するばかり、とIPCCの報告書にも記されている。ここで、唯一我々ができることは、残念ながら、これ以上事態を悪化させないことぐらいであろう。

第3章 「緑の内需」政策が暗示する背景

4. カジノ経済破綻の教訓

　2007年夏の米国におけるサブプライムローン破綻をきっかけに、その影響は金融恐慌というかたちで世界に飛び火、広く不況をもたらした。そもそも、サブプライムローンは今さら説明の必要もなかろうが、低所得者向け高金利住宅ローンのことで、これが大きな経済的問題を引き起こすに至った背景には、もともと返済能力に無理のある低所得者に積極的に融資が行われたことがある。融資した方にしてみれば、いざとなれば担保物件を売って資金を回収すればことが済むとの考えがあったし、また、担保物件の価格上昇があっても下落はないとの幻想もあった。これは正しく1990年の日本で起こった土地・株式バブル崩壊の場合と全く同じ演出、ここにも、土地は必ず値上がりするとの幻想があった。

　しかし、サブプライムローンには、その影響が世界に広く及んだというおまけが付いていた。実際、そこでは投資会社や証券会社は、この住宅ローン、債券を競って買い取り、他の債権などと混ぜ合わせて小口化し、新たな証券に作り替えてしまった。その上、この商品に格付け会社が格付けをし信用させた。他方、投資先を探していた世界のヘッジファンドや投機マネーが、この商品に飛びついた。このたびの金融破綻が世界に広く影響した背景には、こうした経緯もあった。

　無論、バブルの歴史を振り返ると、このほかにも少なからず存在している。たかがチューリップの球根が幾度となく転売が繰り返されるうちに、球根1個で家や土地が買える程に値上がりしたといわれる1630年代にオランダで起こったバブル、1929年ニューヨーク株式市場の暴落（ブラック・チューズデー）から始まった世界大恐慌も、その好例である。しかもこうした現象を冷静になってよく考えてみると、常識を逸した理に合わない現象であることに気付かされる。それにも拘わらず、何故にこうした馬鹿げたことが、反省されることもなく繰り返されるのか、そこには正常な判断や常識を狂わせてしまう人間の欲望が見えてくる。働かずに金で金を稼ごうとする思い、何に投

資しようと利益さえ上がればいいとするグローバル金融資本、これらが主役になって演じられたこのたびの経済運営は、世界経済の混乱と不況、そして低所得者層への大きな経済的犠牲とさらなる貧富の二極化をもたらした。

　こうした経済運営をいくら活発に演じてみたところで、関与している人達の間でお金が動きこそすれ、その裏付けとしての新たな有用な物の生産や富の醸成がほとんどなされていないわけであるから、総体としてみた場合に、富の面ではなにも変っていない。配分すべきものがなにも産み出されていなければ、一般庶民はことの理として豊かになりようがない。他方、低所得層や一般庶民から掻き集められた資金は、直接的にしろ間接的にしろ、例えばドバイの空中都市建設のような庶民にはほとんど無用と思しきものに、構築資金として注ぎ込まれてしまっている。一時期、カジノ経済破綻で資金繰りがつかなくなり、空中都市建設の多くは中断されていたと聞く。

　このような不合理にして愚かなことが、再度起こらぬよう個人の立場で対処するにはどうしたら良いか？　ここで先ず考えられることは、すでに述べた「働かずに金を稼ごうと思わず、額に汗して得たお金こそ価値がある」と思うことである。また、物の市場価格と使用価値とが、己の生活に照らして身の丈か否かを見極めること、さらには環境価値や安全性など目に見えないものの価値を見出すことも必要である。そうすれば、同じ投資にしても利率の高いものよりエコファンドのようなものに目が向くであろうし、太陽光発電装置やソーラーシステムなど環境保全に役立つ系の設置にも関心が持てるようになろう。かかる投資の代償は、例えば電力とか温水とかのかたちで自然が支払ってくれるし、一夜で資産を失ってしまうような危険性もない。

　銀行や保険会社など金融機関に対していえることは、金融機関本来の使命と社会的役割を設立が成った当時の理念に立ち返って再認識することであろう。あまりにも金儲けに目が奪われ過ぎた昨今の金融機関には、品格すら失われてしまった感がある。

　新自由主義政策を推し進めてきたアメリカ、それに歩調を合わせてきた日本を含む他の多くの諸国、これらの国々に対して公私を問わず、このたびの

金融・経済の混乱は多くの教訓を与えた。

　アメリカが新たに掲げて推進しようとしている政策が、グリーンニューディール、緑の内需というものである。そこでは太陽光や風力など再生可能なエネルギーに、今後10年で1,500億ドルを投資して500万人の雇用を創出しようとしている。欧州諸国はもとより中国や韓国も、同じような動きを見せ始めている。日本はどんな展開を見せるだろうか。

（注）地球表面平均日射量をq、そのうちのαの割合（地球の場合は約3割）のqは宇宙空間へ反射されるとすれば、真に地表に届く平均日射量q_sは
$$q_s = (1-\alpha)q$$
となる。

他方、赤外線のかたちで地面から宇宙に放射される単位面積当りのエネルギー量q_rはT_mを平均地表温度、6をステファン・ホルツマン定数、εを放射率として
$$q_r = \varepsilon 6 T_m^4$$
で示される。

ここでq_sとq_rは平衡するとして、$q_s=q_r$、かつ$\alpha=0.3$、$\varepsilon=1$、
$$6 = 5.67 \times 10^{-8} \ [W/(m^2 \cdot K^4)], \ q = 343 \ [W/m^2]$$
とおいてT_mの値を求めれば、$T_m = 255K = -18℃$となる。

もし、大気の温室効果の影響で$\varepsilon = 0.6$であるとすれば
$$T_m = 289K = 16℃と計算される。$$

参考資料
 （1）井堀利宏：マクロ経済学、ナツメ社、2002年8月
 （2）小出裕章：なぜ六ヶ所再処理工場の運転を阻止したいのか
　　　（「終焉に向かう原子力」第七回講演資料、2008年12月）頁4
 （3）藤井石根：原発で地球は救えない、原水爆禁止日本国民会議　2008年6月、頁18
 （4）小出裕章：原子力の場から視た地球温暖化
　　　（環境問題例会資料、2009年2月）頁1

（5）同上：頁6
（6）才木義夫：地球環境を守るために、神奈川新聞社、2006年5月、頁165
（7）アル・ゴア、枝広淳子訳；不都合な真実、ランダムハウス講談社、2007年6月、頁47

第4章　効率的なエネルギーの利用

　人類の関わりで排出されている年間のCO_2の量は、約47億トンといわれる。そのうち9億トンは森林で吸収され、22億トンは海洋で吸収されている。残りが、大気中のCO_2の濃度を高めていることになる。その一方で森林の破壊と消滅は凄まじい勢いで進んでおり、その度たるや1日で約440平方キロメートル、より具体的には種子島の広さに相当する天然林が失われている。しかも所によってはCO_2の吸収が失われるどころか、逆に新たな発生源になってしまう例さえある。

　その典型的な例がカリマンタン島である。かつて、インドネシア政府は、そこの熱帯雨林を伐採、半ば冠水状態に近い地に水路を設けて排水し、そこを農地に変える事業を試みた。しかし泥炭土壌は農地に適さず結局は失敗、乾燥させた泥炭は、山火事を起こすようになって新たなCO_2排出源になってしまった。

　他方、海洋でも海水の酸性化は植物プランクトンの死滅を誘発、魚介類等の餌不足、生物の排泄物の不足と連鎖して、これもまた結果的にCO_2の固定化能力の減少という現象をもたらしている。こうしてみると、将来このままで推移すると自然界のCO_2の吸収能力はさらに衰えていくことが予想される。それに対する有効な手立てが見当たらない以上、まずはCO_2の排出抑制が必要で、技術的な手段も含めてその背景を概観しておきたい。

1．生命維持に必要なエネルギー量は

　火や道具を使う動物は人間だけで、ここが他の動物と大きく異なるところである。当然その分、余計のエネルギーを消費している。
　一体、生命を維持するためにはどれ程のエネルギーが必要だろうか。日本人の場合、成人の平均のエネルギー発散度は約110ワット（W）といわれているので、これより1日に必要な食物からのエネルギー摂取量を見積もれば、

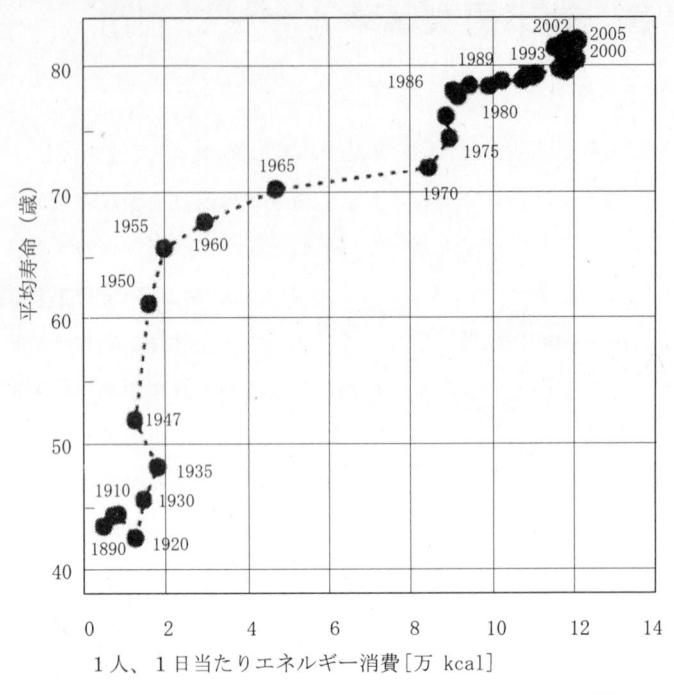

図4－1　日本での寿命と消費エネルギー量との関係[1]

約2,300キロカロリー（kcal）となる（注1参照）。しかし、煮炊きや暖房など生活する上でも多くのエネルギーを消費しており、この消費量が人間の寿命にも密接に関係しているといわれている。図4－1は、日本の過去100年余のエネルギー消費量と寿命との関係を示したもので、図の中の数字は西暦年による時期を表している。

この図から容易に分るように、明治初期のつい近年の人達でさえ、1人1日当たりのエネルギー消費量は、多くてせいぜい1万キロカロリー程度であった。このことは煮炊きなどの生活上どうしても使わざるを得ないエネルギーにしても微々たるもので、その反動で平均寿命も45歳程と、かなり短いものになっていた。このように、利用できる必要なエネルギーの絶対量が不足すると人は長生きできないことを、この事実は示唆している。一方、利用で

きるそのエネルギー量をわずかでも増やせれば、寿命は飛躍的に延びる。これもまた特徴的といえる。さらなる特徴は、ある程度（9万キロカロリー）以上のエネルギー消費は、寿命の延長にはほとんど役立たないということである。その理由は生きるための必須エネルギーではなく、贅沢をするためのエネルギーだからである。この状況を鑑みれば、贅沢の度合いをちょっと、がまんするだけで、2～3割のエネルギー消費量の削減は可能であろう。いずれにしろこれからの時代を生きるにも効率的なエネルギー消費のあり方、すなわち省エネルギー型ライフスタイルの模索が求められることになる。

2．質に応じたエネルギーの使い方

物に質の「良し悪し」があるように、エネルギーにも質の「良し悪し」がある。エネルギーの質の程は、その用途の広さと使い勝手の良さに準拠している。一番質の良いエネルギーといわれている電力と質が悪いとされる熱エネルギーとを比較すれば、その差は歴然としている。

そこでまず電気でどんなことができるか、またさせているかを身近な日常生活の例で見てみると、煮炊き以外はほとんどが電気、しかも少なくない家庭で電気釜、トースター、電気ポット等と、電気を熱に変えて利用しているケースさえ多々見られる。ガス焜炉というかなり便利な器具がありながらである。その理由にはさらなる使い勝手の良さがあろう。このように電気は熱源として少なからず利用されているほか、光に変えて使う照明、音や映像に変えて使うステレオやテレビ、それに掃除機やハイブリッド電気自動車の動力源に電気が充てられている。次世代の電気自動車の動力源にしても然りで、電気の独壇場である。直ぐにほかのエネルギーに変えられる使い勝手の良さとその用途の広さは、他のどんなエネルギーも決して及ぶものではない。

使い勝手の良さという点では、例えば水を酸素と水素に分解し、その水素を燃料電池の燃料に使おうとするときを見ても明白である。水を分解する方法として多くの人達がまず想い描く手法は、多分水の電気分解であろう。それというのも、理科実験での経験もあろうが、手法が簡単であることであろ

う。電解液中の正負両電極間に加えられる電圧差にしても、せいぜい数ボルトもあれば電気分解は可能で、しかも両極から各々、酸素と水素が別々に発生して得られるので混合ガスの分離という難しい作業の手間も省ける。

　もし、水の分解を熱で行おうとすれば大変である。必要な加熱温度は少なくとも摂氏2千度以上、当然、系内圧力も高圧になって装置も華奢なものでは済まされない。お負けに分解されて得られるガスも酸素と水素の混合気体で、これらを分離する厄介な仕事も待ち受けている。しかも条件次第で、容易に、これらのガスは化合して元の水に戻ってしまう恐れすら付きまとう。こうした現実から推しても電力は熱に比べ、いかに使い易く、用途も広いかが分る。すなわち、エネルギーの質がいかに高いかが想像できる。

　ところで、同じ熱でも温度の低い熱では不可能な水の分解も、温度を高くすればできることから、同じ熱でも温度を高くすれば質が上がることが分る。この質の高さの度合を、専門の分野では、「エクセルギー」という尺度を用いて数値化し評価している。この辺の詳しい説明は専門書に譲るとして、ここでは触れないが、この質の良さをうまく活用すれば、使えるエネルギーの量を数倍にして利用することができる。

　実際、それを実現している典型的な機器の1つにヒートポンプ（注2参照）がある。この機器は、モーターによる動力の熱に対する質の高さを活用している。そしてその活用による効果の程を、COP（注2参照）なるものの値の大きさをもって評価している。しかし、もしこの値が3以下の値であれば、省エネルギーの観点からは、ほとんど意味を持たない。それというのも熱という質の高くないエネルギーを電気という質の高いエネルギーに変換するのに、エネルギーの損失を伴っているからである。

　通例、火力発電は重油を燃やして得られる高温の熱をエネルギー源として行われているが、そこで手にできる電力量はエネルギー量で見た場合、使用端で元の熱源量の約3分の1程度のエネルギー量でしかない。熱の大半は、環境中に捨てられてしまっている。したがって、COPが3でヒートポンプで暖房したところで暖房に寄与したエネルギー量で見れば、結局のところ石

油ストーブによる暖房と大差がなくなってしまう。言い換えればエネルギー損失という犠牲を払って得た電力の質の高さが、十分に活かされていないということになる。なお、火力発電所における熱源温度は、それでも発電効率を良くするためにかなりの高温にしている。それ故に質の劣った低温の熱源なら、効率どころか発電すら覚束なくなってしまう。こうして見ると、電気温水器などという代物の使用は、エネルギーの質の良否を全く顧みない無駄な使い方といえる。たとえ譲歩しても、差し当り空気圧縮式の給湯機程度の機器におきかえるべきである。

　要はエネルギーの使い方として、今後特に心掛けなければならないことは、質の高いエネルギーを質の低いエネルギーで十分間に合うものには極力使わないということである。余った電力を「みすみす無駄にするならせめて」という考えで、電気温水器の利用もあろうが、本来ならば電気でなければできないことへの利用が可能になるようなインフラ整備を、早急に構築することが肝要である。

　電気自動車の速やかな普及・拡大を図り、夜間電力をその充電に充てることも１つの策である。太陽光発電とのうまいマッチングと出力調整の難しい原子力発電への依存度を次第に縮小して行くことも、こうした無駄を省く上での有効な手段である。

3．望まれるカスケード利用

　洗車、掃除、洗濯、散水、それに水洗トイレ等の用水は、ことさら水道水を用いなくても、天水で十分にことが足りる代物である。飲料水のような質の良い水を使う必要性は、どこにもない。ここでも質を問題にしている点では前節の議論と似たところもあるが、電力や水道水とでは特性に根本的な違いがある。その違いは、電力はいくら使っても実際上は電気そのものの量は減っても質は熱以外に低下しないが、水道水の場合は使い方次第で汚れで質がそれなりに次第に低下していくところである。したがって、電力では叶わなかった質の低下と共に使い道を変えていくという芸当が、水道水では可能

である。ちなみに、使い終った風呂の水を最近では洗濯等に積極的に使うようになってきたが、それでも汚れの度合が少ない濯ぎ水なら雑巾掛け用の水としてさらに使うことができる。その上、最後は植木や庭への撒き水として活用することもできる。

いうなれば、ここでの水の利用の仕方は、同じ水を汚れ方に応じて段階的に利用するやり方ができ、水のカスケード利用ともいえる使い方ができる。こうすれば、節水にも大いに役立つことになる。水道水を飲用に適するほどに浄化するのに沢山のエネルギーを使っていることを考えれば、このカスケード利用は、水道水の使用量を減らしたことで結果的に省エネルギーにもかなり寄与する話にもなる。

同じようなやり方は、エネルギーの分野でも熱に対しては実行可能である。エネルギーの墓場ともいわれている熱であっても、熱源温度が環境温度に対し十分な温度差を保っていれば、それなりの質の良さを保持している。そのため、かりに化石燃料等を燃やして十分に高い温度の熱源であれば、これのカスケード利用も可能になる。

実際、こうした事例は、業界には既に存在している。その１つの例がコンバインド・サイクル発電といわれている系で、ガスタービンの廃熱温度はなお高いことをを利用してこの熱で過熱蒸気を発生させ、蒸気タービンを駆動させて２重に発電させるという使い方である。このほかに、蒸気タービン代えて吸収式冷凍機を持ち込んでいる例も見られる。吸収式冷凍機を動かすことで冷風と温風が手にできるので、ガスタービンによる電力供給と共にビル等の冷暖房や給湯に供している。

同じような系としては、ガスエンジン・ヒートポンプというシステムもある。ヒートポンプの駆動をガスエンジンで行わせるもので、概して系が小規模・小型化ができるところが特徴である。そのため、需要現地に、直接持ち込んで利用される場合が多く、排気ガスの熱も容易に加温や給湯目的に利用できる。こうした系による高温の熱の利用状況を見ると、温度の高いところをまず発電、それから高温水や蒸気、それに冷水・冷風を作る目的に、さら

に温度が下った熱は暖房・給湯に用いることができる。しかし大型店舗やビル・集合住宅ならまだしも、一般の住居で熱をカスケードに利用することは実際上は難しかろうが、使う熱の質の程度も考慮した利用は為し得ることであろう。給湯・暖房程度のことは質の高い電気のようなエネルギーを使わずとも、太陽熱で大方間に合う話であり、熱のカスケード利用とも合わせて今後の検討が期待される。

4．能率より効率を重視する省エネ機器・システム

これまでの社会は、効率より能率を優先するあまり、大量の資源やエネルギーを無駄にしてきた。限られた時間内に多くのことをこなそうとする意識、野菜や生花等ほとんど水のような存在のものを遠方から飛行機で運ぶような社会風潮は、こうした無駄の発生に拍車をかけてきた。エネルギーが安いと、効率より能率がどうしても優先されがちになるが、エネルギー効率向上の可能性は多く存在し、眠っている。しかも効率を高める多くの技術が存在している以上、社会の制度、技術基準、優遇措置等社会の仕組みを変えれば、エネルギー利用効率の向上を社会のシステムとして組み込むことができる。それをしないのは、もったいない話でもある。

そこで、参考に資するため、いくつかの効率を高められる技術を概観しておくことにする。

1）照明器具

白熱灯に較べ蛍光灯の効率は3～4倍、寿命は6～10倍、その上演色性も改善されて白熱電球と同じような光を呈するものまでできている。また白熱灯と同じサイズのサブ・コンパクト灯も開発されている。このような高い効率を有する照明灯は白熱灯に較べて概して価格は高いが、年間の使用時間が長ければ長い程、短期間のうちにその投資は回収できる。なお、照明の高効率化には

表4－1　電球形照明器具の性能比較

	白熱電球	電球形蛍光灯	LED電球
耐久性	1,000時間	6,000時間	4万時間（1日10時間の使用なら10年以上取り替え不要）
消費電力		白熱電球の約5分の1	白熱電球の約8分の1
価　格	約100円	約1,000円	4,000〜5,000円

①ラビットスタート型を高周波点灯型に変えることで、25％程の省エネルギー

②あらかじめ設定してある照度を、太陽光が室内に射し込むことで超える室内照明が自動的に調光、これで25％程の省エネルギー

③「明るすぎ」を防ぐ初期照度調整で、10〜13％の省エネルギー

④始業前、昼休みなど一定時間帯の照度を自動調節することで、5％程の省エネルギー

⑤インバータ・バラストは従来の電磁型バラストに比較して、10％以上の効率アップ

等の方法が講じられている。

　また照明器具の分野では発光ダイオード（LED）の技術の進展には注目すべきものがある。これまでLEDは信号機や標識など特定のものを対象に使われてきたが、これを照明機材として活用しようとする動きもある。省エネルギー性の程は、表4－1から察せられるように、蛍光灯の6割増し程度であるが、耐久性の点では約7倍と非常に優れているといわれている。最近では、自然な照明に近い電球色のLEDも開発されたと報じられている。このLEDは、青色LEDをベースにした積層構造を有しており、白色LEDよりも明るいといわれる。この開発には従来比で3倍近く明るくできるという新蛍光体の開発がベースにある。黄色い粉末状のこの蛍光体はシリケート系の物質

で、青色LEDにイットリウム・アルミニウム・ガーネット蛍光体を積層して作られた光に、この新蛍光体を通すと高輝度の電球色になり、同じ明るさならば白色LEDの半分の電力で済むと報じられている。

2）エネルギーキャパシタシステム（ECaSS）

　ECaSSとは、電気二重層キャパシタを組み込んだ蓄電システムを意味している。キャパシタは、本質的には特性上コンデンサーの一種で、いうならば蓄電器である。電気を蓄える機器としては蓄電池や乾電池を連想するが、ここでは電気を電気化学的に化学エネルギーに変換して蓄えるため、充電に長い時間を要するのが普通である。その点で蓄電池は蓄電量の点でコンデンサーに較べ格段に優れているものの、長い充電時間が実用上の1つの欠点に挙げられている。他方、近年、ここで採り上げようとしているキャパシタは、コンデンサーと同様に電気をエネルギー変換せずに誘電現象のかたちで蓄えておきながら、蓄電量もかなり大きく改善されているため、実用上大きな期待が寄せられるようになっている。しかも急速充放電もできることから種々の用途が考えられている。

　実際、このキャパシタを組み込んだECaSSは次のような特徴があるといわれている。

①入れた電気エネルギーのうち、ほぼ90％以上のエネルギーを取り出して使える、非常に無駄の少ない系である。また、残量を簡単かつ正確に測定することも可能である。
②爆発したり、発火したりすることがないため非常に安全、したがって乗り物や住宅等にも安心して使うことができる。
③素材には重金属や有害物質が使われていないため、環境に負荷をかけることが少なく耐久性にも優れている。
④充放電時間は、数秒から数時間まで、設計次第で自由に変えることができる。

⑤充放電できる回数は、理論的には無限で交換の手間も減らせる。
　⑥化学反応を伴う蓄電池は、寒冷地での使用は不向きであるが、ECaSSの場合は寒冷地での使用も可能、実際南極でも使われている。

　それでも蓄電池に較べれば、かなり改善されてきたとはいえ蓄電容量は未だ劣っている。そこで急速もしくは短時間の充放電への対応にはECaSSを、比較的長時間の安定した充放電には従来の蓄電池をあてがうよう両者を併用するシステムを構築することで、系の使い勝手は飛躍的に向上させることができる。このシステムをさらに改善、発展させて行けば、応用できる分野はさらに広がり、次のような応用も実現可能と考えられている。

　①電力供給の平準化
　②省電力、エネルギー回生
　③急速充放電
　④パルスパワー電源の実現
　⑤交流受電設備の小容積化

　もしこうした事柄が当該システム開発で実用化されれば、電力利用システムの省電力上に果たす役割には極めて大きなものがある。加えて太陽エネルギーや風力など時間や量の制約を受け易い自然エネルギーの活用面でも、寄与するところが大である。

3）省エネ交通システム
　人が移動したり、物を運んだりするのに使われている運輸部門のエネルギーは、日本で消費されている全エネルギーの約4分の1を占めている。そのうちの6割強、全エネルギーに対しては15％程が、人を運ぶ旅客部門に費やされている。しかも運輸部門で消費されるエネルギーにしても、その大半は自動車によって消費されている。

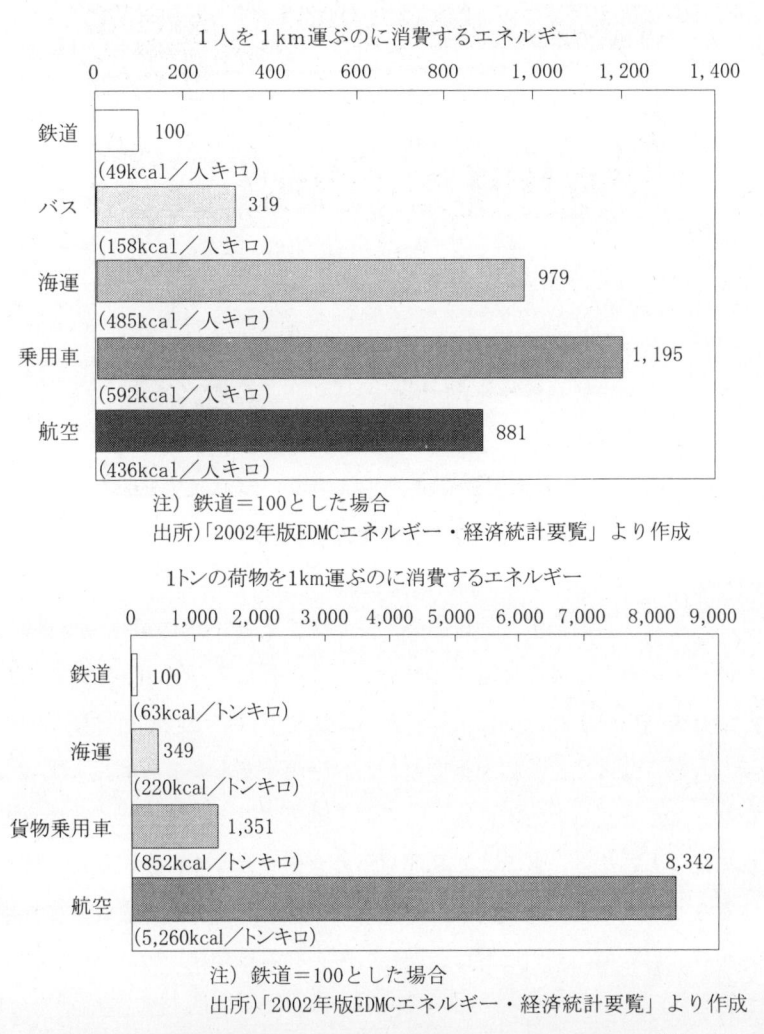

第4章　効率的なエネルギーの利用

1人を1km運ぶのに消費するエネルギー

輸送機関	指数	原単位
鉄道	100	(49kcal／人キロ)
バス	319	(158kcal／人キロ)
海運	979	(485kcal／人キロ)
乗用車	1,195	(592kcal／人キロ)
航空	881	(436kcal／人キロ)

注）鉄道＝100とした場合
出所）「2002年版EDMCエネルギー・経済統計要覧」より作成

1トンの荷物を1km運ぶのに消費するエネルギー

輸送機関	指数	原単位
鉄道	100	(63kcal／トンキロ)
海運	349	(220kcal／トンキロ)
貨物乗用車	1,351	(852kcal／トンキロ)
航空	8,342	(5,260kcal／トンキロ)

注）鉄道＝100とした場合
出所）「2002年版EDMCエネルギー・経済統計要覧」より作成

図4－2　輸送機関別エネルギー消費原単位の比較（2000年度）[2]

　そもそも、移動手段としての自動車は大きく改善されてきたとはいえ、未だ極めて非効率な代物である。その様子は、図4－2からも容易に察することができる。もし交通システム面でも、エネルギー効率を重視する方向を目指すならば、軸足を鉄道に据えることが必然の成り行きである。自動車の果

図4-3　太陽光発電の充電スタンド[3]

たすべきこれからの役割は地域内のサービスであって、地域間、都市間については、その役目を鉄道に委譲されていくことになる。石油を基軸とするエネルギーの価格が、国際的に上昇、かつ温暖化ガス排出削減目標値が国際的に年々大きくなって行く状況下では、この時流を変えることは、ますます難しくなってくる。この時流に乗ってことを進めるのであれば、これから力を入れて行くところは、さらなる高速道路の整備ではなく、庶民の足の便を良くするインフラ整備である。最近では電動ハイブリッド自転車もかなり普及しており、自転車の利用と共に、安心して乗れる安全な一般道路の整備が必要である。

　それらよりさらに遠出ができるこれからの足としては、電気自動車が期待されている。この普及拡大には、ガソリンスタンドに代わる充電スタンドの新たな設置が必要になってくる。しかし、何も大々的な充電スタンドを必ずしも設置する必要はない。配電設備が十分に整っていないところや僻地でも、写真のような太陽光発電の充電スタンドならば難なく設置することも可能である。充電時間も、すでに述べたECaSSの技術を活用すれば、短くするこ

とができる。しかも1回の充電で100キロメートル位は走行できるとあらば、地域内で使う生活の足としての役割も十分に果たせるものである。この種の簡単な充電スタンドならば、各家庭の車庫の流用もあり得る。

かなりの遠距離の公共交通機関になれば、路面電車やトロリーバス等が極めて魅力的な足となる。国外、例えばドイツ・フライブルグの路面電車等では車内に自転車や車椅子等の持ち込みもできるので、これらを併用すればかなりの遠距離まで足をのばすことができる。

ところで、交通システム面での環境対策の切り札は、自動車に関しては内燃機関からモーターに移行、景観維持は架線レス対策にあるといわれている。フランスのボルドー路面電車は地表集電方式で、またイタリアのローマで復活しているトロリーバスはニッケル水素電池による架線レスで、いずれも運行されている。中国上海で2006年8月から営業運行に入ったトロリーバス（図4－4）も架線レスで、その仕様は表4－2のようになっている。この車両は冷房完備で、運行状況は11路線で、停留所数は10個、5.25キロメートルの環状線構成になっている。

他方、日本でも（財）鉄道総合技術研究所がNEDO技術開発機構の委託を受けて開発が進められている架線・バッテリーハイブリッド電車、ハイ！トラムや川崎重工業が手掛けているスイモなどがあり、低コストの次世代型路面電車として期待されている。これらの車両がこれまでのものと違って、2次電池（ハイ！トラムの場合は600V－120Ahリチウムイオン）を搭載しており、架線と電池のハイブリッド運転ができるようになっている。スイモでは多量の蓄電池が座席の下に積まれており、その充電は始発駅と終着駅で停車中に行われるように計画されている。それに対し、ハイ！トラムでは、各駅の停車中のわずか1分の時間で急速充電（600ボルト×1キロアンペア）、それでも空調を効かした最大負荷状態で約4キロメートル（km）の連続走行が可能という。電池が満充電状態であれば、空調使用状態でも25km、空調切で30km超の架線レス走行ができると報じている。また架線の電圧、直流600ボルトが1,500ボルトに変っても、その対応ができるようになっているため、都

図4-4　上海キャパシタトロリーバス（充電中）[4]

表4-2　上海キャパシタトロリーバスの仕様

車　輛		停留所（受電変電所）	
全　　長	11.5メートル	入力電圧	交流1万ボルト
重　　量	16.5トン	入力電流	20万アンペア
乗車定員	60人	出力電圧	直流600ボルト
最高速度	55キロメートル/時	フル充電時間	3〜5分
1回充電走行距離	3.5〜8キロメートル	停留所充電時間	30〜90秒
モーター出力	75キロワット		
キャパシタシステム	セル個数　　360個		
	定格セル電圧　1.65ボルト		
	セル静電容量　8万ファラット		
	システム重量　980キログラム		
	エネルギー密度　10ワット時/キログラム		
	エネルギー回生　40パーセント		

80

第4章　効率的なエネルギーの利用

ハイ!トラム
（鉄道総合技術研究所）

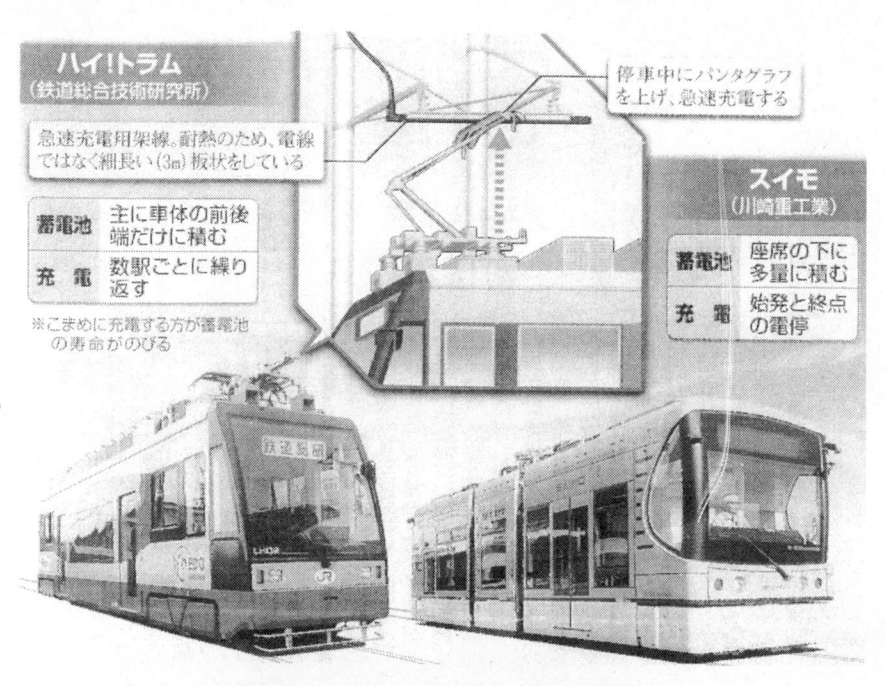

急速充電用架線。耐熱のため、電線ではなく細長い（3m）板状をしている

蓄電池	主に車体の前後端だけに積む
充電	数駅ごとに繰り返す

※こまめに充電する方が蓄電池の寿命がのびる

停車中にパンタグラフを上げ、急速充電する

スイモ
（川崎重工業）

蓄電池	座席の下に多量に積む
充電	始発と終点の電停

図4－5　開発中の次世代型路面電車

市近郊の鉄道線から都市中心部の鉄道線へ直接乗り入れることも可能と伝えられている。

　さらに注目される車両としては、JR北海道が試験営業運航を始めたデュアル・モード・ビークル（DMV）がある。DMVは地方鉄道の救世主として期待されているもので、バスと電車のハイブリッド車両という存在である。道路も走れれば線路も走るという代物である。タイヤの内側に鉄の車輪を付け、油圧で上下させることで切り替える仕組になっている。車両のコストは鉄道車両の7分の1、燃費や保守費用は4分の1程で済ませられることから、ローカル線を再生させる切り札として全国の自治体の関心を集めている。北海道網走市のほか、静岡県富士市でも走行実験が実施された。

道路を走るDMV

軌道を走るDMV

図4－6　JR北海道で試験運行のDMV

5．エネルギーマイレージインデックス

　後に議論するが、食料に関してフードマイレージという尺度がある。この尺度に則って、ここではエネルギーマイレージなる指標を新たに提案し、エネルギー資源の輸送の是非を考える一つの目安を整えようとするものである。なぜこうした指標を新たに提案しようとするのか、その背景をまず明らかに

すれば、例えば、エネルギー密度の小さな燃料等をトラックで遠くから運んできて使おうとするとき、あまり遠方からだと、運ばれて来た燃料等の持つエネルギー量よりトラック等による運送に費やされたエネルギー量の方が大きくなって、エネルギーバランス上は意味がないことになる。そこで、その意味の有無を数量で明らかにすることができれば、都合が良かろう。

さて、輸送しようとするエネルギー資源の単位重量当たりの保有エネルギー量をeジュール／トン（J／ton）とすると、重量W（ton）の同エネルギー資源が保有しているエネルギー量E_1は、

$$E_1 = eW \ [J] \ ——(1)$$

となる。

他方、図4－2が示しているように輸送手段によって1トンの物を1km運ぶのに消費するエネルギーが異なっているので、各々のこの値をC〔J／(ton・km)〕なる記号で代表させれば、重量W（ton）のエネルギー資源をL（km）の距離まで運ぶのに必要なエネルギー量E_2は

$$E_2 = CWL \ [J] \ ——(2)$$

となり、E_1とE_2の値の大小を比較すれば運ぶ価値の有無を判断する1つの目安が得られることになる。ここでE_1とE_2の比、すなわち

$$R = \frac{E_1}{E_2} = \frac{eW}{CWL} = \frac{e}{CL} \ ——(3)$$

とおいて、Rをエネルギーマイレージインディクスと便宜上命名すれば、Rの値が1より小さい場合は輸送に価しないことを意味することになる。

試みに、薪を例にRの値を評価してみると、次のようになる。すなわちある程度、乾燥している薪の発熱量は、1キログラム（kg）当たり4,200キロカロリー（kcal）といわれているので[5]、この値を用いれば

$$e = 4,200 \mathrm{kcal/kg} = 4.2 \times 10^6 \mathrm{kcal/ton}$$

一方、薪を貨物自動車で運ぶものとすれば、さきの図4－2より、この場合のCの値は

$$C = 852 \mathrm{kcal/(ton \cdot km)}$$

となるので（3）式で$R=1$とおいて輸送が許される最大距離Lを求めれば

$$L=\frac{e}{C}=\frac{4.2\times10^6}{852}\,[\mathrm{km}]\fallingdotseq 4,900\,[\mathrm{km}]$$

となって、荷の積み下ろしのエネルギーも配慮して、せいぜい4,000キロメートル位の輸送距離ならば許される勘定になる。しかし実際にはRの値が1より遥かに大きくなればなるほど望ましいことから、eはできるだけ大きく、CとLの値はできるだけ小さいことが好ましい。従って炭としては発熱量の小さい備長炭でさえ、その発熱量eは1キログラム当り6,700キロカロリー、通常の木炭では8,300キロカロリーといわれているので、薪を運ぶならば、現地で炭にして輸送すれば、省エネルギーの観点からはより得策であることが判る。

そうした中で、近年、事業所等で捨てられている比較的低温の廃熱を蓄熱材に蓄え、それを病院などの施設に運んで暖房等の熱源に利用しようとする試みも見られる。もちろん、この場合は放熱させた後の蓄熱材は再度、元のところに戻す輸送も必要となるが、この辺のことも含め、R値の件で検討してみる必要があろう。しかも輸送されるエネルギーは、エネルギーとしての価値が低い低温の熱なので、このところの問題も含め綿密な計画立ても必要となる。

（注1）　$1\,(W)=1\left(\dfrac{\mathrm{ジュール}}{\mathrm{秒}}\right)=60\times60\times24\left(\dfrac{\mathrm{ジュール}}{\mathrm{日}}\right)=86.4\left(\dfrac{\mathrm{キロジュール}}{\mathrm{日}}\right)$

したがって$110\,(W)$は$86.4\times110\fallingdotseq 9,500\left(\dfrac{\mathrm{キロジュール}}{\mathrm{日}}\right)$となる。

ところで1キロジュール（kJ）は、約0.24キロカロリー(kcal)に相当するので

$110\,(W)=9,500\times0.24\left(\dfrac{\mathrm{kJ}}{\mathrm{日}}\right)\times\left(\dfrac{\mathrm{kcal}}{\mathrm{kJ}}\right)\fallingdotseq 2,300\left(\dfrac{\mathrm{kcal}}{\mathrm{日}}\right)$となる。

（注2）〈ヒートポンプ、COP〉例えば水蒸気を容器の中に閉じ込め圧縮すると、容器の壁を通して熱を吐き出し水蒸気は水になる。この水蒸気という気体が液体の水に変る現象を凝縮といい、その時に気体から吐き出される熱を凝縮熱と呼ぶ。次にこの圧縮状態を解放して圧力を下げてやると、今度は水が沸騰して元の水蒸気に戻り、その際に容器の壁を通して今度は先に吐き出した量の熱を吸収する。この水というかたちの液体が水蒸気という気体に変る現象を気化（または蒸発）といい、この時に吸収される熱を気化熱（蒸発熱）と呼ぶ。したがって凝縮熱と気化熱は、熱量としては同じである。また、こうした現象をアンモニアやCO_2などを用いても再現できる。

さて、凝縮現象をある部屋の中で起こさせ、気化現象を外で行わせればどうなるだろうか。結果的には外で吸収された気化熱Qが、気体を圧縮するのに使った動力（通常は電力）からの熱Wと共に部屋の中に持ち込まれることになる。こうした現象を交互に繰り返して外の熱を部屋の中に汲み込むように造られた機器が、ヒートポンプである。ここ注意しておくべきことは、熱量Wに相当する電力を使って$(Q+W)$の熱量を部屋の中に持ち込める、ということである。そしてWに対する$(Q+W)$の比率、すなわち$\frac{Q+W}{W}$をCOPもしくは成績係数と呼んで、この値の大きさでヒートポンプの性能を評価している。そして一般の家庭でよく用いられているヒートポンプ、すなわちエアコンのCOP値は、現況では約6程度になっている。もし電熱器で部屋を温めれば暖房源は電熱器で消費される電力そのもののWだけ、それに対してヒートポンプならば$\frac{W+Q}{W}=6$、すなわち$(Q+W)=6W$とWの6倍になる。なお部屋の中で気化現象を、外で凝縮現象を実現するようにヒートポンプの運転モードを変えれば、部屋の冷房はできる。冷蔵庫もこれと同じ原理に基づいて運転されている。

参考資料
（1）小出裕章：原子力の場から視た地球温暖化（環境問題例会資料、2009年2月）頁10
（2）フォーラム平和・人権・環境編：2050年自然エネルギー100%、時潮社（2005年10月）頁117
（3）キシムラインダストリー会社案内パンフレット

（4）森五宏：上海キャパシタトロリーバス、ECaSSフォーラム会報、Vol. 03（2008年春号）頁3
（5）小鷹敬一、神力愛晴：エコ革命、（株）原書房（2007年4月）頁118

第5章　日常生活の安心・安全対策

１．食料の安全保障とフードマイレージ

１）世界の穀物生産状況

「一度、便利さの味を覚えてしまったからには後戻りすることはできない」とする論がある。しかしこれは、生きるのに必要な糧が保障されている者がいえるセリフであって、その日の糧にも事欠く状況になったらこんな悠長なことをいっていられるはずもない。今や地球温暖化が関係してか天候異変で、世界の各地で農産物の収穫減が、度々起っている。その一方で、一部の国では人口増が見られなくなっているものの、大勢ではなお人口の増加が続いている。

　かつて米国とブラジルが世界の２強であったバイオエタノール産業も、米国がこれに積極的に関わるようになって世界のバイオエタノールに対する眼は完全に変ってしまっている。世界で飢えの問題がますます、深刻化しているにも拘らずである。現にバイオ燃料作物のブームがアフリカ大陸を覆っている。モザンビーク、インハスーネ村に新しくできた農場にはジャトロファという木が植えられている。この木の種を搾って採れる油から、バイオ燃料を得るためである。同国ではこうした農場を現在、農地を上回る５百万ヘクタールにする計画がある。同じようなプロジェクトがザンビア、アンゴラ、タンザニアなどでも外貨獲得や貧困解消を理由に進められている。

　他方、その逆の動きも見え始めている。「エタノールアフリカ」社は、南アフリカで現地産トウモロコシを原料にバイオ燃料をつくる計画を立てたが、この計画は南アフリカ政府の禁止処置で中断させられた。トウモロコシは、南部アフリカの主食だからである。無論、非食用のジャトロファを推奨しているモザンビークでも、政府は、食糧の生産を維持するために食用の農地をバイオ燃料用の農場に転換することを、原則禁止している。いうなればアフ

リカでは燃料作物か食糧かで揺れ動いている。

バイオ燃料ブームの火付け役を演じたアメリカでは、これまで生産されるトウモロコシの大半が輸出に回されていたが、このところバイオ燃料向けが増加して、2007年には遂に輸出向けを上回った。価格も高騰し、飼料の値上がりは世界の畜産に大きな打撃を与えている。隣国のメキシコでは、1994年の北米自由貿易協定で安価な米国産トウモロコシが押し寄せ、結局はメキシコの農業は衰退の羽目に遭った。それが今度は、主食のトウモロコシの値上がりで家計は大打撃、翻弄されたかたちになり、食糧の安全保障面での脆弱さを露呈させている。

アメリカと並ぶ農産物の輸出大国、オーストラリアでは、2006年と2007年の2年続けての干ばつに襲われ、小麦の生産量は激減している。2006年の小麦の収穫量は例年の40%、2007年の米に至っては1%という有り様になっている。

悪天候や干ばつなどの影響で2006年、2007年と続けて農産物の収穫量を減らしたのは欧州も同様で、穀物の在庫量を減らしている。このため、欧州連合は、これまでの減反政策を柱とした農業政策を変え、2007年の秋と2008年の春の穀物作付け減反義務を実質上中止し、増産へと舵を切り換えている。

平均10%という高い経済成長を続けてきた隣国、中国も農地の減少と水不足などから穀物の生産は頭打ち、その一方で食肉と食用油の消費量が飛躍的に増えて、飼料用穀物の需要量も1970年の1,200万トンから2005年の5億500万トンと約9倍に伸びている。こうした背景もあって、2004年の時点で中国は食糧輸出国から純輸入国に変った。

それなら、コメが主食のアジアはどうなっているか。世界一のコメの輸出国、タイでも稲作地帯の河口デルタ地帯は、工業団地の建設で水田の面積が減少、タイ中部の平原でもここ30年で40%程減少している。2位の座を占めているベトナムも状況は同じようなもので、インドネシアやフィリピンは、輸出国どころか大量のコメ輸入国である。それでも世界のコメの生産量は伸びている。しかし消費量はそれを上回っており、期末在庫率は16%、約2ヶ

表5－1　主要先進国の食料自給率

国　名	自給率（％）
オーストラリア	237
カナダ	145
アメリカ	128
フランス	122
ドイツ	84
イギリス	70
イタリア	62
スイス	49
韓　国	47
日　本	39

注）日本は06年、韓国は02年、他は03年

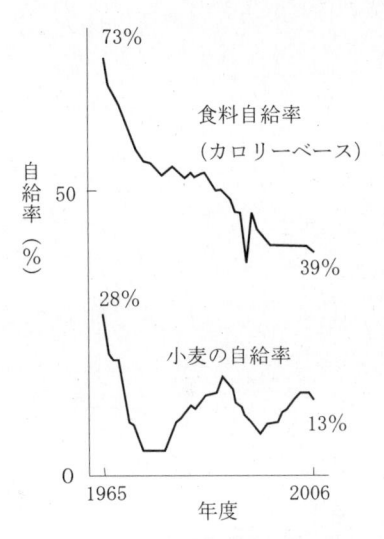

図5－1　日本の食糧自給率の推移

月分という心許ない状況になっている。

　以上が、食糧の面で見た世界の状況で、今後さらなる天候異変など予期せぬ事態が起れば、世界は大きく混乱することは確実であろう。とりわけ食糧を国外に大きく依存している我が国などにとっては、事態は深刻となろう。

2）食の安心とフードマイレージ

　地球環境の面から食料問題や貿易問題を考える潮流が、世界に広がっている。その中で食糧の輸入を環境面から測る尺度として注目されているのが、「食糧の総輸入量に輸送距離を掛け合わせた値」、すなわちフードマイレージなる尺度である。実際、料の輸入にはその輸送に船舶や航空機が使用され、結果的に大量のCO_2が排出されていることになる。そのため食料の輸入は、環境面に大きな負荷をかけることになり、その負荷の度合を数量で現そうとしたものがフードマイレージの考え方である。より具体的には、すでに述べられているように、輸入相手国別の食料輸入重量に輸出（相手）国から輸入国までの輸送距離を乗じて、フードマイレージ値は計算される。

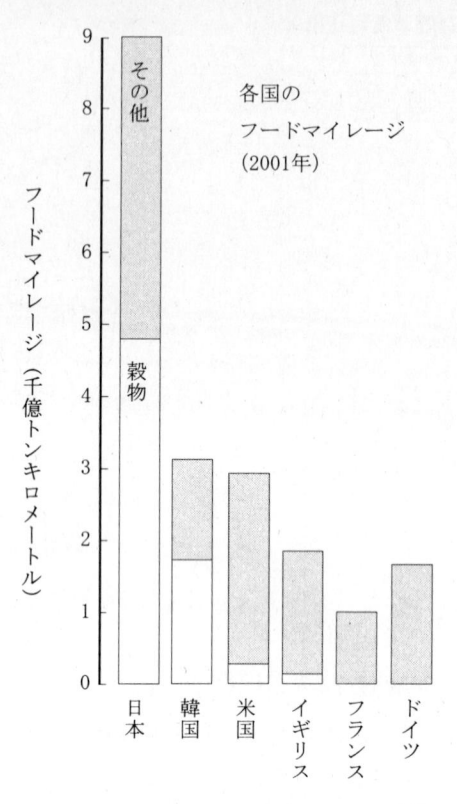

図5−2　各国のフードマイレージ値[1]

　さて、日本の食料自給率はカロリーベースで今や39％、世界でも末端の部類に属する存在である。この実体から明らかのように、約6割の食料を輸入に頼っていることになり、食料の安全保障の観点からも極めて由々しき状態にある。当然、フードマイレージの値も、その分大きくなることが予想される。農林水産政策研究所での計算によれば、2001年度のフードマイレージ値は、図5−2で示されているように、約9千億トン・キロメートルで、これは日本国内1年間の全ての貨物輸送量の約1.6倍に相当しているという。さらに、この値を他国のフードマイレージ値と比較すると、韓国とアメリカは日本の3〜4割、イギリスとドイツは約2割、フランスは1割で、日本の数

値は突出している。この状況から判ることは

　① 特定の品目、特定の輸入相手国という偏りの体質にある。
　② 大量の食料を、総じて遠くから輸入している。

という特異な食料供給構造が、明らかになっている。
　ところで、地球温暖化防止の先の京都議定書では国際運輸にかかわる外航船舶と航空機から出されるCO_2は評価の対象外とされてきたが、その内、地球温暖化が深刻になる中で、削減対象に加えられることは必至である。そうなれば、食料の輸入に伴って膨大なCO_2を排出していることも、世界的に問われることになる。この面でも日本の食のあり方には不安な材料が横たわっているといえる。

2．地産地消、多様性と循環の持つ意味

1）省エネルギーにも繋がる地産地消

　エネルギー資源にしても、食糧にしても、人為的に移動させれば必ずそれなりのエネルギーを費やすことになる。そのエネルギーを技術的にどう少なくできるか、どういうやり方が有効かなどと、この種のエネルギーの使用量削減を図ることがこれまでの省エネルギー対策の一般的なやり方である。しかし、ここで観点を変えて、物の輸送量を少なくするとか、移動させる距離を短くする、そして究極的には物を動かさないという選択肢で省エネルギーを図る方法もあり得る。我々は、食料を国外に大きく依存していることでいかに多量のエネルギーを輸送に費やしているかを既に見てきたし、国内の物の輸送にしても本質的には何ら変わるものはない。ここに、地産地消が望ましいとする理由の1つが、見えてくる。
　そうはいっても、物を全く輸送しないでことを済ませること等、実際には不可能であるので、運ぶ重量や距離を減らす工夫が必要になってくる。エネルギー資源を輸送するにしても、同じカロリーのエネルギーを運ぶならば、

エネルギー密度の大きな資源を運ぶに越したことはない。例えば、既に述べた1キログラムの発熱量4,200キロカロリーの薪を運ぶなら、現地で1キログラム当り8,300キロカロリー程の木炭にして運んだ方が、大巾な省エネルギーにつながる。

　しかし、ここにも地産地消の考え方を持ち込めば、省エネルギー上大きな効果をもたらすことができる。その好例の1つが太陽光発電設備の設置である。もし家庭に設置された系による電力をその家庭で利用する場合には、ここではエネルギー輸送に関わる一切のエネルギーを費やす必要がない。風力発電ならば、系が大規模になることで、また小水力発電なら発電場所と電力消費者との位置関係が必ずも一致しないことで、送配電面のエネルギー損失がゼロというわけにはいかないが、本質的には極めて少ない損失で収めることは可能である。太陽熱温水器やソーラーシステムの設置による太陽熱の利用も、地産地消の理に叶っておりエネルギー輸送面でのエネルギー消費は皆無といえる。こうした特性は、分散型エネルギー資源である自然エネルギーに概ね当てはまる有利な特徴の1つである。

　農畜産廃棄物や有機廃棄物にしても、その処理地が生活地からあまり遠くない場所に設置されれば、そこから得られるエネルギーを少ない輸送エネルギー消費で済ませることができる。

　その実例の1つを[2]ドイツ・フライブルグ市の郊外、ランドヴァッサ地区より4キロメートル離れたところ、アイヒェルベルグで見ることができる。そこでは林の中、一帯に生ゴミ埋蔵処理地を設け、そこから自然発生的に出てくる腐敗ガスを使い、コージェネレーション・システムを駆動させて市民に熱と電力を供給している。より具体的には、生ゴミ処理地で発生した腐敗ガスは収集され、直径250ミリメートルのパイプラインで4.5キロメートル先のランドヴァッサ地区にあるステーションまで移送される。そこでは、腐敗ガスを燃料にガスエンジンを駆動し、その動力で発電機を回して発電すると共に、エンジン冷却後の温水は集中熱供給システムを経て、直接ランドヴァッサ地区の各家庭に送られている。この温水が持ち込んでいる熱量は7メガワ

第5章　日常生活の安心・安全対策

図5-3　腐敗ガス焚き熱電併給ガスエンジンシステム

ットで、同地区の温水需要量の70％を賄っているといわれている。他方、ここで発電された4.1メガワットの電力は、フライブルグ・エネルギー水供給公社のネットワークに供給され、フライブルグ市の電力需要量の約5％を賄っている。

　こうしたゴミの山から発生してくる年間1千万立方メートルの腐敗ガスの主成分はメタンなので、これを大気中に放散させてしまえば、地球温暖化に大きく加担するだけである。しかし、このようにエネルギー需要地の近郊で生ゴミを計画的に処理することで、余計なエネルギー消費を減らせるほか、腐敗ガスが保有する約90％のエネルギーが有効に活用されている。当然、ここにも地産地消の利点は、90％という高いエネルギー利用率で充分に活かされていると見てとれる。ゴミも、計画的に処理、利用することを考えれば、有効な資源となり資源・エネルギーの安全保障、ひいては日常生活の安全性を高める一助にもなることを、この事例から学ぶことができる。自然界に

「ゴミ」は存在しない。

2）多様性は循環の元、循環は持続性の元

　地球上で水の循環がどうなっているかを観察すれば判るように、ほとんどのものは循環し入れ代ることで持続性が維持されている。また、循環が実現されるためには、1つの要素でことが足りるはずもない。そこには多くの要素が関わり合い、個々の要素が己に課されている役割を遂行することで、結果的に循環系が形成されてくることになる。したがってこの循環系には極めて多くの要素が直接的に、もしくは、間接的に関わりを持ち、微妙なバランスの上に、要素間の作用の受け渡しが行われている。その結果、もし要素の1つでも欠けたり、バランスを崩せば循環はうまくいかなくなる。

　それでは実際はどうなのか、その具体例の1つを我々人類にとっても必須のミネラル分の受け渡しを例に見てみると、ここでも驚く程の巧妙な受け渡しが行われている。

　さて、岩手県、陸中海岸沿いは栽培漁業も盛んで牡蠣や帆立貝、それに海鞘の養殖が行われていることは知られているが、一時、これらがあまり育たなくなった時期があった。その原因を詳しく調べた結果、餌の植物性プランクトンが少ないことが判った。すなわちプランクトンを育む養分が海水に不足していたわけで、そこにはそれを補給してくれている周辺河川の水に問題の源があった。当然、河川水に養分やミネラル分を与えてくれるはずの樹木が川上はもちろんのこと流域周辺部も非常に少なくなっていたことから、その後、漁師の人達を中心に植樹がなされたと伝えられる。

　要は魚類など海や河で育つ生物も陸上の植物が与えてくれる養分にも大きく依存しているわけである。しかもミネラル分もである。しかし、この川上から川下へ水が運んでくれる状況だけでは、海に達したミネラル分は元の川上の山地に戻る術が見えない。しかし実はこの役目を果しているのが鮭などの魚の遡上で、川上で産卵して一生を終えることで、養分と共にそこにミネラル分を元の場所に戻されることになる。また熊や狐、鳥などの餌になれば、

彼らの排泄物のかたちで山中にも運ばれることになる。この面では海鳥も大きな役割を果していることになる。このことだけを見ても、多くの生物を介して実に巧みなメカニズムで、循環系が形成されているかが分る。当然、自然界にはこうした巧妙な循環系が、随所に存在しているはずである。かかる循環系を傷つけたり破壊したりすると、循環系が損なわれ、結局は持続性も失なわれてしまうことになる。多様性を重視しなければならないことも、この事例から理解できる。世は、正に共存共栄の上に成り立っている。しかし人は概ね、あたかもこのことを忘れてしまったが如きに振舞っている。地球や自然は万物の共有物であることも忘れ、自然の摂理を無視した行動を随所で行ない、その竹箆返しに多大の労を費やしている。しかも、己の生きる場と可能性を縮小させている。

　物を生み出せば、それをいずれどこかで消費・消失させない限り、地上に残留し災いをもたらすこともある。その浄化の任をこれまでは往々にして自然界が担ってきたが、人の活動が活発化、巨大化し、自然の浄化能力を超えてきたあたりから、問題が顕在化している。特に自然が浄化できない化学物質や放射性物質の産出に至っては、日常生活の安全性を損わせるどころか、生存をも脅かす存在になっている。いずれにしろこうした問題の現出は、後のことと他をあまり省みない目先の欲望のなせる業によるところが大である。もし当座の物質的な欲望により、安心・安全、持続性などソフト面を重視するなら、この辺の考え方を早急に是正、自然の摂理に立脚したライフスタイルや社会システムの再構築が必要である。

　自然の摂理から遊離することでことさらに影響を受け、結果的に余計な手間や金銭的な負担を強いられるのが1次産業であろう。例えば多様性を否定する長期かつ規模の大きなモノカルチャー（単式農法）は、生態系に少なからず影響を及ぼし、農薬や殺虫剤を要求、土壌の質も悪くする。また補完・共存関係の強い農業、畜産、林業の分離・連携しない単独経営は、これらの間の物質的な循環がスムーズにいかず、無駄と手間が多くなる。今後はエネルギー循環のあり方、物質循環のあり方、都市のあり方と役割、農村のあり

方と役割等、安心と安全の観点から、また環境、エネルギーのこれからのありうる状況を予想しつつ検討し、望ましい方向にシフトさせていくことが肝要と思われる。それにはまず、我々の観念を見直すことが必要である。

ちなみに、フランシス・ベーコンは「自然は、人間の生活を仕えるために支配され、管理され、利用されるものである」と考えていたようである。特に西洋文明は「人間には自然を己のために都合よく変える権利と義務がある」という信念を我々に植え付けてきたが、この辺に問題発生のルーツがある。人間はあくまでも自然物の一要素にすぎない。

3．これからの建物のありうる姿

今、日本の各地でスプロール現象が起っている。スプロール現象とはいうまでもなく、都市計画とは無関係に、郊外の地価の安い地域に住宅が無秩序に建ち並んでいく現象である。他方、都市周辺住宅地は高い地価が影響して、結果的には宅地は細分化されスラム化の傾向を見せている。

さて、何事もそうであろうが、こと建物については耐久消費財であるだけに、本来ならばそれを設ける際には未来はどう状況が変っていくか、何が起こりうるかを予測し、それを考慮に入れて計画することが重要である。特に、資源・エネルギー問題に関連して想像できることは、これまでのようにスクラップ・アンド・ビルドのような行為を繰り返すことは容易に行えなくなることである。加えて住み心地の良さ、利便性、安全性を確保するためにエネルギーを多く費やすことも難しくなろう。そういうことになれば、当然、自然の力を上手に活かすことに、精力を傾注させていかざるを得ないことになる。同時に、省エネルギーにも、強い関心が示さざるを得ないことになる。しかし、ここで考えられるエコ効率の良い建物とは、一般的にはエネルギー消費を極力抑制できる建物になり勝ちである。高気密・高断熱から始まり、オフィスならば、窓は外気が侵入しないようにしっかりと塞がれる。さらに、着色ガラスで太陽光線を遮って、エアコンの使用量を少なくする等である。

他方、聞くところによれば「ハシエンダ」という中米でよく見られる大農

園の家屋は、自然の空気の循環をフルに活用する設計になっているという。ここでは、夜に涼しい外気を入れて室温を下げ、同時に室内にこもった空気を入れ替えて、有害物質を外に出している。また、屋上をその土地固有の植物で覆い、雨水を吸収させ、さらには外壁を熱や紫外線による劣化を軽減させている。省エネルギーの面では、夜間の冷却効果で昼間の冷房負荷を減らしているし、適切に光を取り入れて、昼間時の室内照明は、不要もしくは軽減している。そして、新鮮な空気は室内空間をより快適にしている。

　こうした住環境を提供してくれるには、樹木の存在は欠かせない。樹木は太陽、光、空気、食べ物、自然の喜び、それに文化的な楽しみまで、周りに住む人達に幅広く恩恵と満足感を与えてくれる存在でもある。したがって、周辺に樹木の乏しい住環境は、肉体的にも精神的にも不健全な、かつエネルギーの多消費を強いている。その結果、たとえ高気密・高断熱などの手法を施しても、全体としては「ハシエンダ」的住宅に較べ省エネルギー性に優っているとは限らない。

1) パッシブシステム

　すでに触れた「ハシエンダ」は、パッシブシステムの典型的な例といえる。ここにはポンプや送風機といった機器を持ち込むことがなく、水や空気といった流体の循環は、全て自然の力（自然対流）に依存している。部屋の暖房にもできるだけ太陽光を屋内に導き入れ、多くの場合は壁とか床といった軀体に光を当てて加熱、蓄熱して暖に利用している。他方、夏期などむしろ冷却を望む場合は、庇やブラインドをうまく使って太陽光を遮蔽、さらには落葉樹、蔦、屋上緑化など植物の力を借りて、光の遮蔽や蒸散作用を通して涼を得る。撒水なども、蒸発作用を利用した涼の取り方の一策である。

　パッシブシステムは、こうした自然の力をうまく利用したシステムを意味している。ここにはこうした自然の力をうまく利用するお膳立てはしても、その先は一切、人為的なものは持ち込まれることはないので、不測の事態にも遭いにくい。日常生活の安心・安全の観点からこの点を評価すれば、多く

を外部から提供してくれるものに頼るアクティブシステムより大いに勝っているといえる。

2）ソーラーハウス[3]

　住宅を設計する際に、部屋の中の熱の流れ、太陽熱の取り込み方、断熱をどう施すかなどを注意深く設計すると、太陽熱を上手に利用できる住宅を造ることができる。最近の日本の住宅では、生活に必要な暖房、冷房、給湯、調理、それに各種家庭電器製品の利用に、電力、ガス、灯油などが使われているが、その消費の内訳を用途別に見ると、暖房給湯に当てられた量が全消費量の約半分を占めている。しかもここで必要とされる熱源の温度は、産業部門で見られるような100℃を超えるような温度である必要はなく、給湯にしても、せいぜい80℃位の温度であれば充分である。いうなれば太陽熱をうまく活用すればことが済む話で、これを実践している住宅がソーラーハウスである。

　無論、ここでもアクティブ方式とパッシブ方式に分類される。狭義のパッシブ方式は電力やガス等の補助エネルギーを全く用いず、自然の力のみで運転されるものとされている。広義のパッシブ方式には、送風機や単純な制御装置などわずかな電力を使う方式も含んでいるが、この程度の電力ならば、今ではわずかな太陽光発電パネルを同時に設置すればことが済むので、これもパッシブ方式と見なして差し支えなかろう。

　さて、ソーラーハウスの構成は概ね、集熱器、蓄熱器、放熱器、それにこれらをつなぐ搬送部の四つの基本要素で構成されている。

　集熱器は、太陽エネルギーを建物内に搬送しやすい水や空気に与えて昇温させる機器で、このことができる時間と場所は概ね限定される。他方、給湯、暖房など需要に応じて作動する機器が放熱器であるが、両者の作動は、時間的にまた場所的にも一致することはほとんどない。この「時間的なずれ」を吸収するための要素が熱を一時的に蓄える機能を持つ蓄熱器、「場所のずれ」をカバーしている要素が搬送部である。いずれにしろソーラーハウス全体の

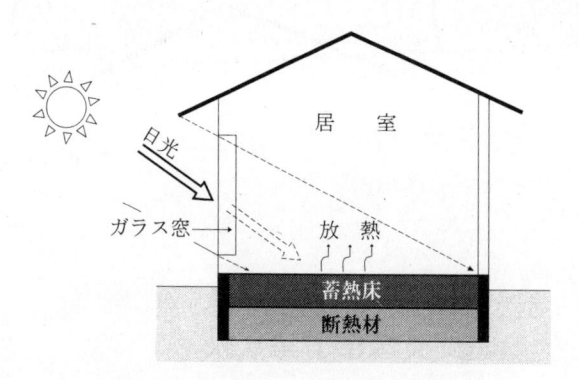

図5−4　ダイレクトゲインソーラーハウス

熱利用効率を良くするには

①集熱器の集熱効率を向上させる。
②蓄熱器からの熱損失を、できるだけ小さくする。
③搬送部からの熱損失を、極力低減する。

等であり、特に蓄熱器の表面積を、極力小さくしたり、搬送部からの熱損失を小さくするため充分な断熱を施すと共に、搬送距離を極力短く工夫することも肝要といえる。

　ここでパッシブ・ソーラーハウスのいくつかの典型的な例を紹介すれば、まず集熱器と蓄熱器、それに放熱器を一体化したダイレクトゲインと呼ばれているソーラーハウスがある。その大体の様子は、図5−4で示されているが、これと類似の系としてトロンブウォールと呼ばれているものもある。この系は一口でいえば、蓄熱床に当る部分を窓際に立てて置いた格好になっている。当然、これらの系では搬送部は不要となり、系が簡素化される。蓄熱材には、レンガやコンクリートが少なからず用いられている。

　次の事例は、居室の南面に温室を設け、温室内の暖気を必要に応じて居室に循環させる方式である。ここでは温室の床と温室内の空気が、集熱と蓄熱

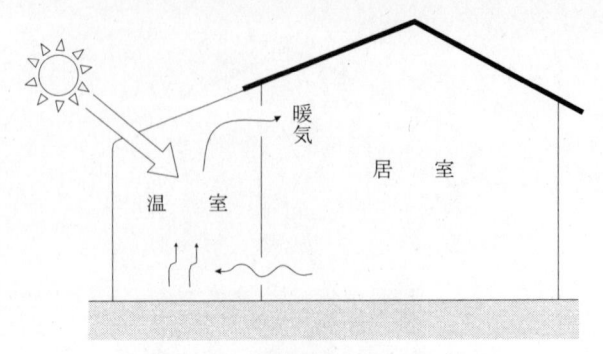

図5-5　温室付設ソーラーハウス

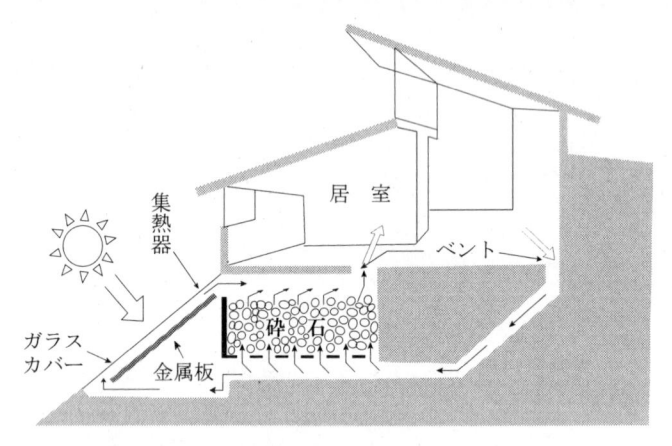

図5-6　サーモサイフォン方式ソーラーハウス[4]

の機能を担っている。暖気の循環通路孔を開閉も含めて調整することにより、暖房の度合を調節することができる。

　図5-6の方式は、サーモサイフォンをうまく利用している系で、昼間集熱器で暖められた空気は自然の力でここと砕石槽の間を循環し、砕石を暖めて蓄熱する。もし夜間などに居室を暖房したいときは、ベントを開けば、空気は自然の力で今度は砕石槽と居室の間を循環し居室を暖めることになる。

　こうした自然の力を利用した流体の循環を利用して、水を太陽熱で加熱、給湯に供するように設計された図5-7のような機器が汲み置き式の太陽熱

第 5 章　日常生活の安心・安全対策

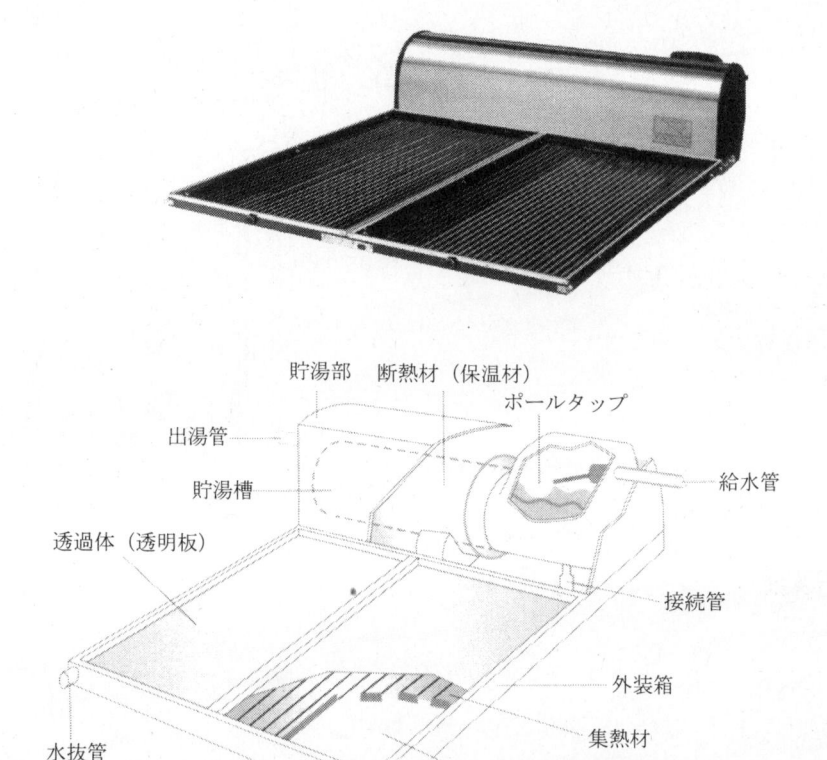

図 5-7　自然循環型太陽熱給湯器

温水器（自然循環型太陽熱給湯器）といわれるもので、ほとんどのソーラーハウスでは、給湯用にこの種の機器が設置されている。

　最後に、アクティブ方式のソーラーハウスを紹介する。この系は、集熱媒体に空気を使っている。もちろん、水を使うことも可能であるが、空気を用いることで、漏水や凍結、またそれによる系の破損といった心配がなくなる。さらに、メンテナンスが容易となり、新築する場合には建物と一体化した設計ができるので意匠的に優れたものができる。また熱媒を直接、居室に送ることができるので、熱交換ロスも回避できる。

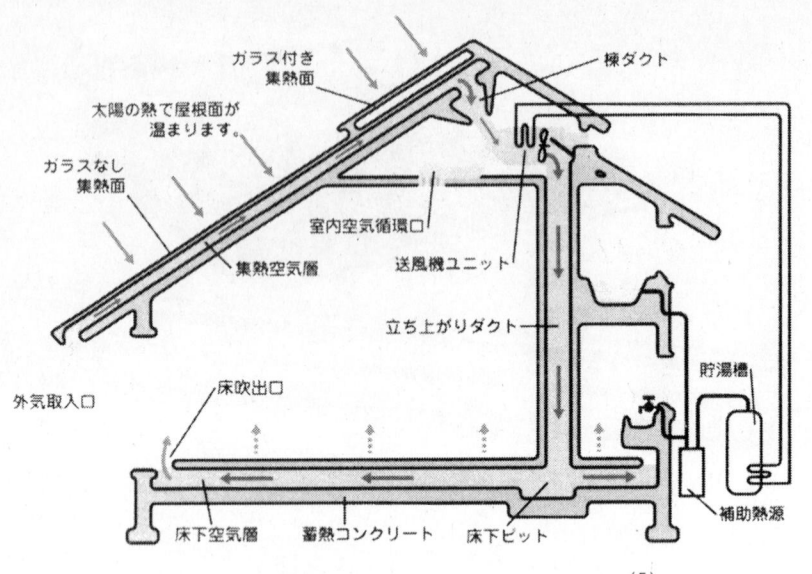

図5-8　空気集熱式アクティブソーラーシステム[5]

　図5-8にはこのソーラーハウスのシステムの概略が示されているが、これからも分るように、集熱媒体の空気は軒先から取り入れ、屋根に降り注ぐ太陽熱を吸収しながら昇温、この温風は床下に送られて屋室を床暖房することになる。夏期など暖房が不要の際には北側の軒から外気へ排出、もしくは送風機ユニットで水と熱交換させて、温水を貯湯槽で貯えて適宜利用することになる。この系では、送風機を駆動するための電力や補助熱源ボイラーの燃料が必要であることから、パッシブ方式の範疇から外されている。
　なお、この系では夏の夜の放射冷却により、冷気を取り込み室内を涼しくすることもできる。このように、空気を集熱媒体に用いることは、水に較べ伝熱特性は劣るものの、空気集熱器は床暖房、給湯、防暑、採涼、換気と季節に合せて使い分けられる。

3）ゼロエネルギーハウス[6]
　これから我々が目指すべき住宅は、これまでのような漠然とした生活の拠

点ではなく、地球生態系の一員としてのさまざまの要件を満たした「地球共生住宅」とでもいえるようなものでなければならない。具体的には

①エネルギー消費を最小限に抑え、究極的にはCO_2を排出しない。
②「自然界にゴミは存在しない」という概念に基づき、廃棄物が処理され易いデザインを実践する。
③自然物（樹木、雨水、日光等）を可能な限り活用し、環境への負荷を軽減する。
④パッシブ方式を基調とした自立、省エネ、高耐久、安心・安全、文化等をキーワードに、地域の風土に融合した住宅造りを実践する。

等を念頭に置くべきであろう。欲をいえば我々の住宅に対する考え方を「かりそめに身を置く所」から「地域の文化を育む一要素・遺産」と改められるべきである。そうすれば、心して後世に残して行ける正の遺産というべき物も現れてこよう。

さて、ゼロエネルギーハウスは、パッシブソーラーハウスの究極の1つの姿と見ることができる。ゼロエネルギーを謳っている以上は、外部からの電力やガスなどの供給などはなく、これらの代替は自前で行なうことが前提となろう。

こうした要件に叶う住宅も、こまめに探せば幾つかは見出せようが、熟知しているという理由で、ここでは筆者が1987年に建てた「自立住宅」と称している住宅を紹介して、参考に供したい。

ちなみにこの建物は、日常生活でエネルギーの自立がどこまで可能かを確認する目的で設けられたものである。設置場所は八ヶ岳山麓の海抜1,150メートルの地で、夏は涼しい反面、冬季はかなり寒い所である。そのため、建物の寒さ対策には少なからず気が配られており、屋根裏、床下、壁面などに施された断熱材の厚さはどこも約200ミリメートル、窓や戸のガラス面は3重になっている。外部側面は、厚さ25ミリメートルの板張りで、断熱性の良

上は南西方面から見る建物、手前の四角の金属の容器は雨水を貯めておく水槽、その後ろのロッカーには蓄電池が収められている。屋根には太陽電池、太陽熱温水器、太陽熱空気加熱器などが載っている。下の写真は東北方向から見た建物、隣の建物は物置兼車庫で将来は屋根に太陽電池パネルを設置することで電気自動車の充電をここで行える。現在はハイブリッド電動自転車の充電を実施。

図5-9　自立住宅全景

図5−10 居間の一場面（床面に敷かれている黒い板状の物は潜熱蓄電パネル）

さと廃棄された際の処理の容易さを考えてのことである。窓は全て換気・放熱のため、広く、もしくはわずかに開けられる仕組みになっている。炊飯、温房の熱源は家屋周辺地域から得られる薪で賄われている。

　図5−10の写真は、居間の一部を写しているが、床面に敷かれている黒いパネルの中には、融点がおよそ18℃の蓄熱材が収められている。冬期には、このパネルの上下両面に設けられている空隙に、屋上の太陽熱空気集熱器で得られた温かい空気を太陽電池で得た電力で送風機を回すことで流し、パネ

ルを加熱、それに天窓を通して室内に射し込む日光でもパネルを加熱して、蓄熱材を融解させて蓄熱する。室温が下がれば融解した蓄熱材が再度凝固する際に蓄えていた熱を放出、室温の低下を緩慢にしてストーブで焚く薪の量を、その分減らせることになる。さらに、薪レンジの使用による暖房への寄与の度合も少なくない。

　ここで必要とする電力は、全て屋上に設置されている定格出力1.4kWの太陽電池で賄われている。蓄電は出力電圧12ボルトの下、全蓄電容量1,600アンペア・アワーの鉛・酸蓄電池で行われている。一旦、蓄熱されたその電力は照明、井戸水の汲み上げ、換気、テレビやステレオなどの家電品の利用の際に使われ、時には家屋周辺の草刈りや薪の切断にも利用される。いずれにしろ、ここでは外部からの電力の供給は一切ないわけであるから、徹底した省エネルギーが図られている。多くの天窓の設置は昼間時の照明用電力消費の削減を、高い位置での天水槽の設置（図5-9参照）はポンプを動かす電力消費を省くのが目的である。

　トイレでの汚物は、腐植菌による分解で処理、分解されない残渣は肥料として使用され、生ゴミも同じように扱われている。

　このように随所に工夫を凝らすことで、あまりエネルギーを使わずに所定の目的は達成されている。無論、ボタンを押すだけで全ての所定のことが足りるとは行かず、必要な労働も強いられることもあるが、これが却って体力や健康の維持に役立つことになる。

　エネルギー消費の少ない低エネルギー社会は、日々労働だけに明け暮れしていた往時の生活を強いるのではないかと懸念する向きもあろうが、機器や技術が格段に進んでいる今日にあっては、無駄な心配というものである。そういえるのも、この建物を造った経験からきている。かかるメッセージを、この建物は今後も与えてくれよう。同時に、ゼロエネルギーハウス実現の可能性を示唆してくれている。ゼロエネルギーハウスは、もはや机上の空論ではなかろう。

第5章　日常生活の安心・安全対策

参考資料
（1）中田哲也：フードマイレージ、日本評論社（2007年9月）頁23
（2）エコロジー社会構築研究会編：21世紀のエコロジー社会、七つ森書館（2001年2月）頁71
（3）日本太陽エネルギー学会編；持続可能エネルギー総論、日本太陽エネルギー学会（2007年10月）頁87
（4）藤井石根；太陽エネルギーの貯蔵技術、日本機械学会誌Vol.84／NO.757（1981年12月）頁69
（5）（社）ソーラーシステム振興協会編；ソーラーシステム業務用パンフレット（2008年9月）
（6）フォーラム平和・人権・環境編、藤井石根監著；2050年自然エネルギー100％（増補改訂版）、時潮社（2005年10月）頁266

第6章　待ったなしのインフラ対策

1．政策の歪みとインフラのあり方[1]

　世界は今、環境エネルギー分野で大きな変革期にある。化石燃料や原子力、それに旧式の技術に依存した従来のエネルギー・パスに、未来を託することに不安を感じ始めている。また、その余裕もなくなろうとしている。

　他方、自然エネルギーは未来のエネルギーの主役を担えるし、担えるようにしなければ明日が見えてこない。規制緩和と金融工学がもたらしたこの度の世界的な経済危機、その救世策としてアメリカが選んだ策が、グリーン・ニューディール政策である。未来のエネルギーの主役に自然エネルギーを充てることは、従来の大規模・集中型のエネルギーシステムを小規模・分散型に切り換えて行かなければならないことを意味し、必然的に新しい制度、新しい仕事を生み出さざるを得ない。その結果として、何百万、何千万もの新しい雇用が創出され、経済も成長していくことになる。その上、環境汚染のない安心して住める未来をもたらしてくれる。環境保全、経済の繁栄を目指し、真に持続可能で安定的な供給を約束してくれるエネルギーを真剣に追求するのは、今を於いて他に機会がないのではないか。

1）自然エネルギーの利用を阻む政策上の「歪み」

　在来エネルギー源に対する補助は、世界全体で年2,500～3,000億ドルと推定され、市場を大きく歪めている。ワールドウォッチ研究所の推計では、世界全体の石炭への補助金は、630億ドルといわれている。こうした補助金は本来ならば競争力のない技術や燃料を下支えするかたちで、エネルギー価格を人為的に安くさせ、結果的には自然エネルギーの市場展開や新しい産業の創出を邪魔することになる。従って、化石燃料や原子力に対する直接的かつ間接的な補助金を撤廃することは、エネルギー市場全体を公平な競争の場に

移行させるのに有効である。

　この点については、国際的な場でも問題視されている。例えば2001年にイタリアで開催されたG8では次のように勧告されている。

　「G8各国は、自然エネルギーがより公平かつ公正な市場で競争できるよう、環境に有害なエネルギーへの奨励と支援を速やかに廃止し、外部コストを取り入れた市場メカニズムの構築を直ちに実施すべきである」と。

　ここで自然エネルギーが特別に取り上げられているわけは、従来のエネルギー全般の生産者が依然として環境汚染コストの負担を実質的に免れており、市場が歪められているからである。しかも当該技術は成熟しており、その上、環境を汚染しているものに補助金を投入することは極めて非生産的で、理にも合わないからである。かかる補助金の廃止は、納税者の税負担を軽減するだけでなく、自然エネルギー利用拡大への支援の必要性も劇的に減らすことにもつながる。

　自然エネルギーの利用拡大を阻んでいる次の大きな矛盾は、在来型エネルギーの生産コストに、健康被害、水銀汚染や酸性雨といった局所的な、もしくは地域的な環境悪化、気候変動による地球規模の影響などのコストが、いまだに含まれていないことである。それらのコストは、隠れたかたちで社会が支払っている。こうした隠れたコストの代表例が、原子力災害保険である。環境に対する損害は、汚染者が第1次の負担者でなければならないのに、原子力による被害は、原子力発電事業者が負担するには巨額すぎるという理由で免責されている。このことは、大規模原発災害で被災しても被災者が多ければ、物理的にみて、社会も国も何ら損害保障できないことを意味している。

　欧州委員会委託のプロジェクト「Extern E」は、環境の健康に対する損害の程を外部コストとして計算し、それを発電コストに計上した。その結果によると、石炭や石油による発電コストは2倍に、天然ガスは3割増になるという。もし、こうしたものを環境悪化による外部コストとして、そのイン

パクトに応じて発電事業者に課税されれば、結果的には多くの自然エネルギー源への支援は不必要になろう。同時に、化石燃料と原子力に対する補助金が全て撤廃されれば、自然エネルギー発電に対する優遇策は不要になるかも知れない。

なお、ここで忘れてはならないことは、発電事業は過去1世紀に亘り国家の独占事業であったという事実である。当然、生産設備容量の増強は国策であり、税金または電気料金、あるいはその両方による資金が投入されてきた。その点で、発電事業設備は、本来ならば極めて公共性の高い代物である。

2）必要な「送配電線は社会の共有物」という認識

既に述べた政策上の「歪み」の是正、自然エネルギーの利用促進を図るための法制度の強化、それに太陽光や風力などを対象にした発電事業に対する許認可手続きの透明性と合理化をはからなければ、思うような成果は期待できない。これまでのような法制度や運用下では、自然エネルギー発電設備を新設し、その減価償却に資金を費やすより、既設発電所で石炭や天然ガスを燃やす方が安くつく。そのため、状況が変化し新規設備へ投資した方が有利の状態になるまでは、公正な競争ができるよう自然エネルギーへの支援策がどうしても必要である。そのほか、自然エネルギー導入促進上、障壁になっているものとしては

①国、地域・地方レベルの長期計画の欠如
②電源計画の欠如
③送電網の整備と運営の欠如
④市場の透明性と安定性の欠如
⑤長期的な研究・開発費の欠如
⑥系列企業による送電網の占有

等が考えられる。

特に送電網に関して、日本では大きな問題を抱えている。具体的には送電網への接続、送電および費用分担に関する規則は、概して適性を欠き、なかでも費用分担と送電料金についてはもっと明確な規定が必要との指摘もされている。元々、自然エネルギーが本質的に有している環境メリットは、誰もが受けられる公共財であるから、送電網の拡張あるいは強化が必要な場合は、そのコストは一時的には送電網管理事業者が負担するものの、結局は送電網を通してその環境メリットを受け取る全ての電力消費者が分担すべきであるという主張もある。換言すれば、この主張の意図する所は「送電網整備・増強費用の負担者は、個々の自然エネルギー発電事業者ではなく、送電網管理事業が一時負担し、利用者全体で分担」という意である。

　また現況では、送電量も制限されているので、自然エネルギー発電事業者に割高な建設費の負担を強いている。その実体の一例が図6－1の蓄電池群で、大型風力発電機34基と共に設置された系である。建設費は220億円で、風車だけなら120億円で済んだと報じられている。送電線を管理運営している電力会社が、電池を設置させた目的は電気の品質を低下させないためと説明しているが、その背景には、日本の送電線網は、出力変動しがちな自然エネルギーによる電力を自由に受け入れられるような系になっていないことがある。電力会社が、発電と送配電の両方の業務を担っていることも、機能的に対処できない組織上の問題である。電力会社を発電会社と送配電会社に分割すべきとの主張の理由がここにあり、日本を除く他の先進国は、表6－1のように、分離されている。送配電網は、元々公共性の高い代物であるから、自由に使える状態にするのが当然であるというものである。

　欧州の送電線網は日本の「串刺し型」と違い、元々、網目状に張り巡らされている。国全体どころか国境を越えて電力をやりとりしており、たとえ出力が変動する電気が大量に入ってきても、系全体としては電気の変動は平準化され吸収しやすい構造になっている。さらに最近では太陽光発電や風力発電による電力を制限することなく受け入れられるよう、送電線網同士の接続も強化している。しかも、送電線網は発電会社とは別の会社が運営し、ドイ

第6章　待ったなしのインフラ対策

ナトリウム硫黄（NAS）電池と呼ばれる蓄電池に風車で起こした電気をためている（青森県、坪谷英紀撮影）

図6-1　二又風力発電所の蓄電池群[2]

表6-1　各国の発送電分離状況

国　名	分離の有無
フランス	分　離
ドイツ	分　離
英　国	分　離
イタリア	分　離
スペイン	分　離
米　国	独立機関が送電線運用
日　本	分離せず

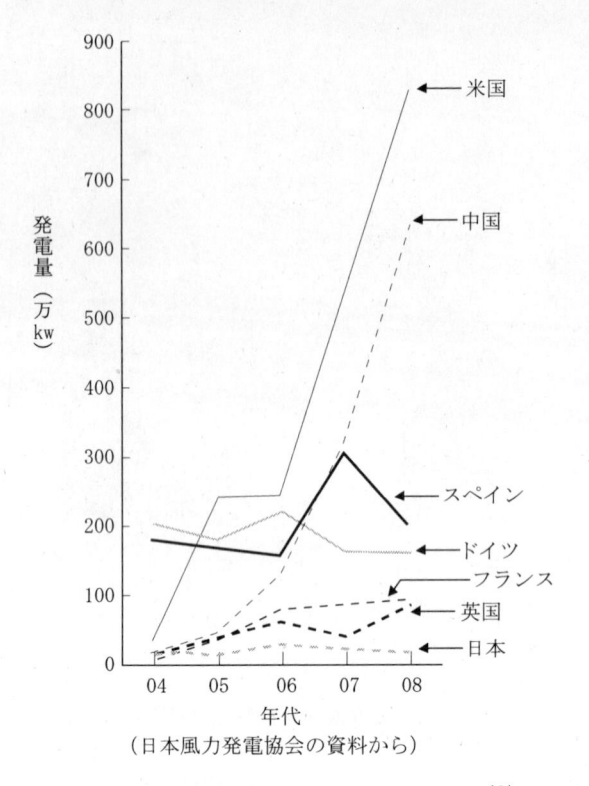

図6−2　各国の毎年の風力発電設備導入量[3]

ツやスペインでは、太陽光や風力による電力を優先して送電線に接続できるよう政府が主導している。スペインでは、天候を予測しながら風力や太陽光発電を制御し、国全体の給電制御システムと連動させて安定して電気が送られるよう、2006年に再生可能エネルギー中央制御室を設置している。その結果、スペインの発電設備容量全体に占める風力発電の割合は17％、2008年3月には、風力の電力供給比率が一時40.8％に達している。こうした背景もあって、欧州連合全体では、2020年までに自然エネルギーによる電力の割合を20％にする計画である。

　アメリカや中国でも、このところ空前の風力発電機の建設ラッシュが続い

ている。2008年のアメリカの新設発電設備の42％は、風力関係で占められている。中国も産業政策の一環として力を入れており、風力発電の設備量は日本の約5倍に達している。

こうした世界の流れにあって、日本は、温暖化対策に対しなお原発中心に考えている。送電線も今だに電力会社の占有物で、「社会の共有物」と考えられていない。当然、時代の要求を反映した送電線網の整備も進んでいない。その結果の1つが、図6-2で示す各国の毎年の風力発電設備の導入量に表れている。これで低炭素社会構築に、対応できるだろうか。

2. スマートグリッド、マイクログリッド[3]

情報システムが日進月歩している中、情報技術ITを使い、既にある発電施設からの電力に風力や太陽光などによる天候まかせの電力を加え、全体を電力需要とマッチングさせつつうまく最適に制御する、賢い送電線網と呼ぶべき「スマートグリッド（賢い送電網）」に、世界の注目が集まっている。

オバマ米大統領のグリーンニューディール政策の一環として盛り込まれたこの送電網は、家庭や事業所などの電力需要をきめ細かく自動調整し、需要に応じて火力や太陽光などさまざまな電源からの電力を、送電線網と通信網を使って最適配分する。この系統の様子を示したものが図6-3で、給配電をコンピューターで制御することで昼夜や季節による需要の変動を平準化でき、効率の良い発電が可能といわれている。例えば電力の需要が膨らむ昼間にはエアコンの温度を変えたり、家庭などでの太陽光発電量が増えれば火力発電量を減らすことができるので、新エネルギーの普及や省エネルギー、結果的にはCO_2の排出を抑制できることになる。

より具体的には、今の所は発電所で発電された電気は、家庭や事業所に向けて一方的に流されている。刻一刻と変わる電力需要を発電側は分らないため、天候などから需要量を予測し、停電しないように火力発電や揚水発電などで少し多めに出力調整しながら、発電しているのが実体である。

もしスマートグリッドシステムが実現されれば、家庭や事業所にはスマー

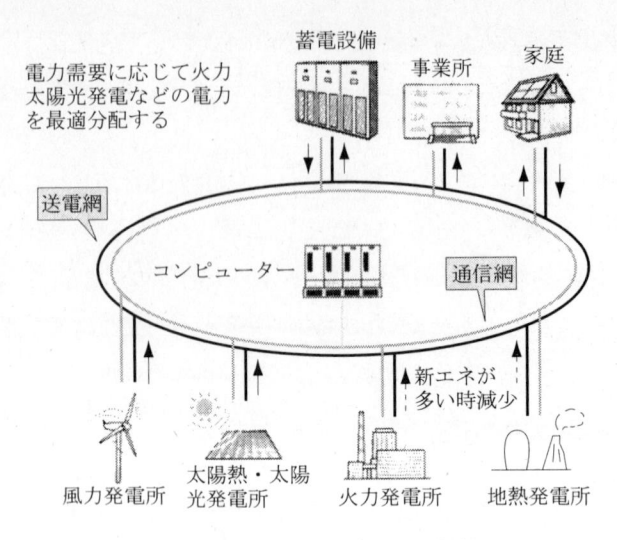

図6-3　スマートグリッド系統図

トメーターが設置され、刻々と変わる電力需要が把握される。そしてこの状況に基づく発電をコンピューターが一元的に管理するため、天候による発電量の変動の大きな自然エネルギー発電の調節もしやすくなるし、発電会社側にしてみれば、きめ細かな料金体系を設定することで、昼夜の需要量の差を小さくして平準化できることになる。その結果として電力調整に使われる火力発電の稼動も抑えられ、地球温暖化防止にも役立つと期待されている。

　他方、各家庭にしてみれば、スマートメーターが設置されることでどの時間帯にどれ程の電気を使っているかが把握でき、必要のない電気の使用を抑え、余剰に応じ電気自動車の充電など電気を有効に活用できる。スマートメーターの導入については、京都市や豊中市などで検針の自動化を目的に始められている。将来的には30分毎の電力消費量を測り需要予測に役立てることのようであるが、そのうちにはスマートグリッドにつながっていく話である。

　これに関連して、家庭で電気を「つくる」「使う」「ためる」効率を最適化しようとする動きもある。「マイクログリッド」である。家庭では給湯や空調などエネルギーの使い方は多岐にわたっており、季節によっても使い方が

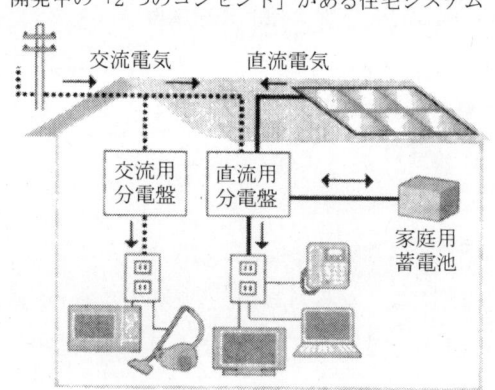

第6章　待ったなしのインフラ対策

開発中の「2つのコンセント」がある住宅システム

図6-4　交直両方のコンセントを有する住宅システム

違ってくる。そのため、太陽光発電など自宅でつくった電力を効率よく使う制御の仕組みを作るのも簡単ではない。現に、外から送られてくる電気は交流、太陽光発電でつくられる電気は直流で、今のところインバータで交流に変換して使用されている。しかし変換することで若干なりとも電気の損失が生じるし、パソコンやテレビなどのデジタル製品は直流に対応しやすい。また近い将来、電気自動車の充電や、スマートグリッドの中に電気自動車の蓄電もシステムの一要素として加えられることになれば、図6-4のように、交流用と直流用の分電盤を用意した方が都合が良い。

　今後、太陽電池の導入量がますます増え、これによる電力が配電線網に大量に流れ込んでくると、電圧がどうなるか、また、街区など地域を小規模に分け、そこに太陽光発電や燃料電池、バイオマス発電などを盛り込んだ小規模電源融通システムの動きと実用性の検討も始められている。某ガス会社の研究所では、「マイクログリッド」システムが電力会社の送電線網にどのような影響を与えるかを実験している。都内のビジネス街で使われている空調と給湯をモデルに、ガスと電気を統合したマイクログリッド導入シミュレーション結果によれば、発電を全て火力発電にした場合に比べ、CO_2の排出量

を40.5％削減できるという。

　しかも、マイクログリッドが有機的に送電線やガスライン、通信線で結ばれ、それをIT技術で効果的に制御できると、全国に散らばっている発電システムがあたかも1つの発電所のように機能するようになるともいわれている。

　いずれにしろ、スマートグリッドやマイクログリッドがより現実性を帯び、実用化が図られるようになれば、前に問題視された串刺し型の送電線網は時代の要請に対処し切れなくなるであろう。その点からも、送電網は網目状に早急に張り巡らされざるを得なくなるであろう。

3．生活を豊かにするインフラ整備

　いうまでもなく「インフラ」はインフラストラクチャーの略で、産業基盤および生活基盤を形成する構造物を指しており、具体的には道路、鉄道、ダム、港湾、通信施設、学校、病院、公園などが対象になっている。この点では、日本は産業基盤に目を向けてインフラ整備が進められてきたが、生活基盤の面では未だ整っているとはいい難い。

1）道路・交通システム[4]

　コロンビア共和国の首都、サンタフェデボゴタ市の市長を1998年から3年務めたエンリケ・ベニャロサ氏、彼は自動車を所有する30％の人々の生活を改善するのではなく、大多数を占める自動車を持たない70％の人達に何ができるかと考えた。そこで市長は、子どもや老人にとって住みよい環境都市ならば誰にとっても良かろうと、「人間のために設計された都市」というビジョンを掲げ、わずか数年で都市生活の質を変革させた。

　ボゴタ市では歩道での駐車を禁止し、1,200もの公園を建設もしくは修復して整えた。またバスを利用した高速輸送システムを導入し、数百キロメートルに及ぶ自動車専用道路と歩道を整え、ラッシュ時の自動車の交通量を40％も削減させた。加えて注目されるところは、10万本にも及ぶ木を植え、住

第6章　待ったなしのインフラ対策

環境の改善に地域住民にも直接関与させたことである。その結果、800万人のボゴタ市民に市民としての誇りを芽生えさせ、紛争の多かった街を安全な場所に変えた。
　こうした政策を行なったペニャロサ市長には、次のような考え方があった。

　①良質の徒歩空間や公園は、本物の民主主義が機能していることを示すシンボルになる。
　②公園や公共の場は、人々が平等の立場で出会うことができる唯一の場所なので、民主主義社会にとっては大切である。
　③公園は水と同じように、都市の人々の心身の健康に欠かせない。

　日本もそうであるが、ほとんどの都市では公園は贅沢だと見る向きが今だにあり、公園の重要性が予算にあまり反映されていない。むしろ、公園よりも自動車道路や駐車場などに、多くの予算や資源が割かれている。「なぜ子どもより自動車の方が、重要視されるのか」――これが、市長の疑問でもあったという。

　ここに都市に対する彼の考え方の哲学が存在している。その後、世界各地で「自動車のためではなく人のための都市設計」を試行錯誤されるようになっている。その背景には都市化が進む世界で、人と自動車の数が増え、ある限度を越えると、自動車が提供するものはモビリティではなく「渋滞と混雑」という現実がある。
　安価で通勤者にやさしい新しい交通システムを、実現した都市もある。ブラジルのクリティバ市である。ここでは市民の3分の1が自動車を所有しているにも拘らず、バス、自動車、徒歩が圧倒的な部分を占め、市内の移動の3分の2はバスが利用されている。この市では1974年以降、人口は倍増したが、自動車の通行量は逆に30％も減少している。

現在の都市の大半はクルマ中心であるため、そこで暮らすこと自体、健康的でない。空気は排気ガスで汚れ、自転車利用者や歩行者にもやさしくない。その上、人間に必要な身体を動かす機会も奪われ、栄養の摂取量と消費量のアンバランスは、肥満を増やしている。

　こうした多くの都市の在りようを踏まえ、時代の要求に叶う都市交通体系をどう構築するか、加えて、インフラをどう整えるか。それにはまず、先のペニャロサ市長ではないが、しっかりとしたビジョンを持つことが肝要である。誰を対象に、何の目的で、インフラ整備するかを見定めることが先決である。基本的には、鉄道、バス路線、自転車専用道路、歩道の組み合わせを基として、そこにモビリティ、低コスト、健康的な環境をどう実現させていくか、ここに工夫を凝らすことになる。大都市では、モビリティを確保するため地下鉄に依存することが多いが、ここにはエレベータやエスカレーターといった付加的な設備も必要で、さらに昼夜を問わない照明、空調・換気などの必要性を考えれば、維持・管理費も含め、必ずしも低コストの交通機関とはいい難い。ある試算では、路面電車の場合と比較して建設費用は6倍、維持管理費は30倍になっている。特に身体的なハンディキャップを負っている人達の乗降を考えると、路面電車は圧倒的な優位性を有している。実際、欧州の路面電車では車椅子や自転車を車内に持ち込む風景も見られている。

　いずれにしろ、地下鉄にするか路面電車にするかの選択は、その都市の規模と立地条件によってある程度決まるが、中規模の都市では、路面電車の方が圧倒的に魅力的で、人にもやさしい選択肢でもある。

　ここに示される2枚の写真のうち、前者はニュージーランドで、後者はドイツのフライブルグで写したものである。前者のように歩道沿いに路面電車を走らせれば、乗降は極めて容易かつ安全である。車椅子や自転車の積み込み、積み降ろしも難なくできて便利である。後者の写真は都市郊外での路面電車の1つのありようを示しており、こうすれば高速の運転も可能である。また、この路面電車は市内に入れば信号が優先的に「青」になるよう設定さ

第6章　待ったなしのインフラ対策

図6－5　歩道沿いに敷かれた路面電車のレール（乗降が極めて容易かつ安全）

図6－6　芝生の中に敷設された路面電車専用レーン（都市郊外では路面電車も高速運転が可能）

121

れているので、信号で停車させられることもない。

　既に触れたボゴタで開発されたバス高速輸送（BRT）システムは、特別の高速レーンをバスに与え、人々の市内移動を迅速にしたものである。複数のレーンを有する道路ならば、特に多額の費用を費やす必要もないことから、北京、メキシコシティ、サンパウロ、ソウル、台北などの都市でも取り入れられている。オタワ、ロサンゼルスでも導入を検討中とのことである。

　この現実から明らかなように、多くの都市にとってこれから行なうべきインフラ整備の命題は、より自動車がスムーズに動き易くすることでなく、自動車の数を減らして交通渋滞と大気汚染を緩和することである。都市交通対策で常に一歩先んじているシンガポールでは、市内に通じる全ての道路で料金を徴収し、はるかに高いモビリティときれいな空気を享受している。ロンドンでは、渋滞税を導入して、大気汚染と騒音、そして交通渋滞を緩和させている。しかもロンドン中心部の65％では、儲けが下がるという懸念に反して、さほど営業に影響が見られず、交通量が減ったことが反って市のイメージを良くしたと、市民の多くは受け止めている。

　自転車は、個人の交通手段として多数の利点を有している。移動距離が短かければ、自転車を自動車に較べ格段に効果的な、鉄道と路面電車と組み合わせれば、自動車中心型よりもはるかに住み易い交通システムが用意できる。騒音、大気汚染、交通渋滞という不満が軽減され、人間と環境の両方が健康を取り戻せる。実際、自動車に較べれば圧倒的に安価な乗物、しかも交通手段として極めて柔軟、モビリティも高い自転車を利用すれば個人のモビリティは3倍程に向上する。しかも重量はといえば、概ね13キログラム程度、ハイブリッド電動自転車でも20キログラム程で、技術的な観点からも、驚く程効率的で省エネルギー性の高い乗物である。馬鈴薯を1個食べれば、11キロメートルは軽く走れるともいわれている。

　自転車を活用することで、大気の汚染やCO_2の排出を削減できることはい

うまでもないが、交通渋滞の緩和や舗装される土地の面積も少なくすることにも寄与する。具体的には自動車1台が使用する道路面積を自転車なら6台、駐輪ならば自動車1台分で20台の自転車を止めることができる。用途面でも高く評価できる。都市では、自動車より移動性が良く機動的であるため、アメリカの警察では、所轄地域の人口が5万人から25万人の場合は80％、25万人以上で90％が、自転車でパトロール、逮捕件数も5割程多くなっている。その上、運用コストもパトカーの場合に比べ、はるかに安く済んでいる。市民の生活面でも迅速・確実な配達サービスのニーズが急増しているニューヨーク市内には、推定で300社位の自転車便会社が存在、年間7億ドル相当のビジネスをめぐり競争が繰り広げられている。

　健康の維持にも、自転車を役立たせることができる。自転車に乗ることによる身体運動、それ自体に大きな価値があり、通勤に自転車を利用する定期的な運動は、循環器疾患、骨粗鬆症、関節炎などを予防し、免疫機能を強化する。人々のカロリー摂取量とその消費量のバランスを取り戻させて、肥満を防止、かつ健康を増進させる理想的な手段が自転車に乗ることで、これと同じ効果を求めて数百万人の人々が、月々の料金を払って、フィットネスセンターで固定式自転車のペダルを踏んでいる。

　こうした諸々の自転車利用の利点を考えれば、交通面でのインフラ整備の成否の鍵を握っているものは、「自転車にやさしい交通システムの構築ができるか否か」であろう。具体的な方策としては

①通勤用とサイクリング用の自転車通路をつくる。
②車道に自転車専用のレーンを設ける。
③鉄道の駅に駐輪場を備えるなど、駐輪場の整備をすすめる。
④職場にシャワー室を設置する。

等が考えられる。
　こうした整備は、オランダ、ドイツ、デンマークが先進国である。特に自

図6-7　車道に設けられている自転車専用レーン
　　　　（ドイツ・フライブルグ市）

転車王国オランダでは、「自転車基本計画」をもとに、国内の全都市に自転車専用レーンと自転車通路の整備を行っている。ここでは道路でも、交差点でも自動車より自転車に先行権を与え、交通信号は自動車の前に自転車を通行させる仕組みにしている。こうした背景もあって、オランダでは、都市内移動の30％は自転車によっている。

2）上下水道、水洗システム
　21世紀は水戦争の時代と譬えられる程に、世界で水不足が深刻化し、当然、水の価格上昇も必至と見られている。そうした中、都市に入った水は人間の排泄物と産業廃棄物によって、危険なほど汚染され流れ出てくる。最近、我が国では下水処理場もかなりの整いを見せ汚水の処理が行われるようになっ

てきたが、未だ完璧という状況には至っていない。河川や湖沼に流れ出た、とりわけ有害産業廃棄物による汚水は、地下水層まで浸透し、地下水も汚染する。究極的には、地域の水産資源も含めた海洋生態系も破壊してしまうことになる。人間の排泄物と産業廃棄物のそれとを混合し一緒くたに処理する方法は、水のリサイクルを可能にして生活用水および工業用水の需要を大幅に減らす観点からすれば得策でない。

　まず産業廃棄物による汚水は、紙パルプ、クリーニング、金属仕上げなどの業界ですでに実用化されている「閉じたループシステム」なる設備を構築し、そこで汚水処理されるべきである。それには排水の流れを分離し、適切な化学物質や膜濾過装置等を用いて個別に処理、その結果、得られる再生水を工業用水として再利用すれば、ここで補充すべき水の量は、処理過程で蒸発等で失われる、ごくわずかな水だけである。またここで培われた業界の技術は、民生用の水の再生利用にも応用できる。

　都市での節水の程は、主にトイレとシャワーの家庭用具で左右され、この２つが家庭における水の使用量の約半分を占めている。これまでの水洗トイレでは、1回の使用で約23リットルの水を使用しているが、新しいアメリカの基準では、最大で6リットル、オーストラリア製のトイレセットはこの基準を満たし、液体汚水の場合は3.8リットルとなっている。この点に関しては新幹線の車輛も含む列車の車輛に具備されているトイレセットも非常に節水型で、この技術の民生部門への流用・実用化が大いに期待される。

　他方、シャワーの場合は、シャワーヘッドを替えるだけで、毎分20リットルもの水を流してしまうものを半分位に抑えることができる。

　以上、こうしたちょっとしたことに対応するだけで、かなりの節水がはかれることが想像される。しかし、汚物を「水で流して全てがおしまい」という水洗トイレ方式は、人口や経済活動がはるかに小さかった時代のやり方で、次のような問題も指摘されている。

　①水を大量に使用する。

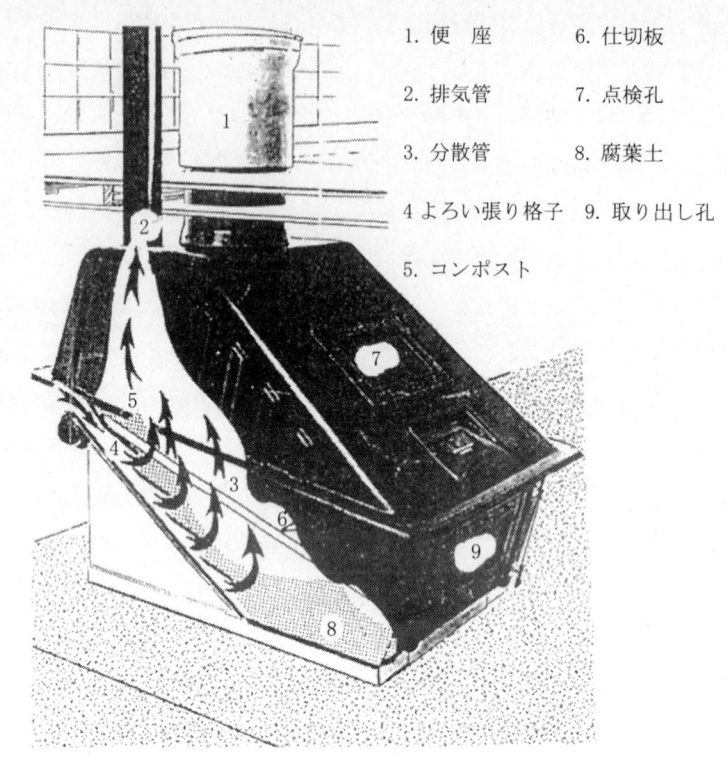

```
1. 便　座      6. 仕切板
2. 排気管      7. 点検孔
3. 分散管      8. 腐葉土
4 よろい張り格子  9. 取り出し孔
5. コンポスト
```

図6－8　コンポスト型トイレシステム[5]

②養分の循環メカニズムを破壊している。
③途上国ではほとんど採用できない方式である。
④汚物の水による拡散で、途上国では病気の主要の感染源になり易い。

　特に④の場合は、川下の汚水処理が不完全な状態を考えての話であるが、現在でも劣悪な保健衛生状態の下、病原菌の拡散等で年間に死亡する人数は世界全体で270万人、これは飢餓や栄養不足による死亡者数590万人に次ぐ大きさである。しかも、水不足が広がると下水システムの存続すら難かしくなる。
　また②の項目については、先進国も真剣に考えねばならない課題である。

土から奪われてきた養分は、河川や湖沼、そして海に流れて、農業に必要な養分が大地から失われていく。その一方で、河川や湖沼は富栄養化で「死」の状態になる。この悪循環を止める1つの機器に、人間の排泄物を処理する図6-8のような、コンポスト型トイレがある。このトイレは、水を一切使わない簡素なもので、低コストでもある。適切に用いれば匂うこともほとんどなく、排泄物は発酵処理され、ほとんど無臭の腐植土に変わり、体積も先の1割程度、年に1回程、取り出せばことが済む。もし腐植土を定期的に回収、堆肥として使用すれば、養分と有機質が大地に戻り、養分の循環が回復することになる。加えて肥料の削減、水道代の軽減、揚水・浄水に使われるエネルギーの節約、下水処理の軽減など付加的な利点ももたらしてくれる。

要は水関係にまつわるインフラ整備に関する課題は

① 廃棄物を、地域環境からは最大限排出せずに、処理、資源化する。
② 水のリサイクル使用を促進する。
③ 生活用水および工業用水の需要量を大巾に減らす。

等で、これに関連してエネルギー効率と同様に「水利用効率」に関する基準を早急に設け、製品にラベル表示することも一策であろう。

参考資料
（1）欧州再生可能エネルギー評議会編；エネルギー〔r〕eボリューション（持続可能な世界エネルギーアウトルック）NPO法人グリーンピースジャパン（2008年1月）頁83
（2）朝日新聞記事（2009年4月1日付）頁2
（3）朝日新聞記事（2009年3月16日付）頁8
（4）レスター・ブラウン；プランB 2.0、ワールドウォッチジャパン（2003年）

頁319
(5) Iwane Fujii ; Trail of a Self-sufficient Cottage, Solar Energy Vol.47, No 5 (1991) pp395

第7章　ソフトエネルギーの利用に向けて

　ソフトエネルギーを再生可能エネルギーと呼ぶこともあるように、枯渇しないところに大きな特徴がある。いうなれば、自然が与えてくれるエネルギーの年金のような存在で供給量に制限があるものの枯渇する心配はない。ここに、限られた量のエネルギーをいかに無駄なく効率的に使いこなすか、省エネルギーの工夫も問われることになる。他方、我々がこれまで依存してきた化石エネルギーは、地球が営々として溜め込んでくれていたエネルギーの預貯金のような存在で、あまり頓着せずに使ってきたために、早晩底を突くのも確実になってきた。それでも尚、あまり気にしないこれまでの使い方を続けたいと、サラ金のようなエネルギーにも手を染めてしまった。「核」というエネルギーである。サラ金とて資金は有限であるように、いつまでも頼っていられるはずがない。後に残るのは、借金のツケにも当る放射能という地獄のみである。多分、その地獄の責めを受けるのは、サラ金に手を出した当の本人ではなく、全く関係のない子孫であろう。こんな無責任なことが、許されていいものだろうか。ここに、人道上の問題も見え隠れしてくる。

　いずれにしろ、ここではこうした厄介な問題を抱え込まないソフトエネルギー、すなわち自然のエネルギーに焦点を絞り、その利用可能量とその利用技術を中心に概括することにする。

1．ソフトエネルギーにまつわる政策の現況

　日本と較べれば、欧州諸国は太陽など自然エネルギーに恵まれている国とはいい難い。それにも拘らず、電力に占める太陽光や風力による発電目標値を、ドイツで見れば2010年に全発電量の12.5％を目標にして既に達成、2020年には25～30％を掲げている。イギリスは2010年に10％、あまり積極性を見せていなかったアメリカでさえ、2012年に10％で、2025年には25％を目指している。一方、日本はといえば図7－1にあるように極めて消極的で、2010

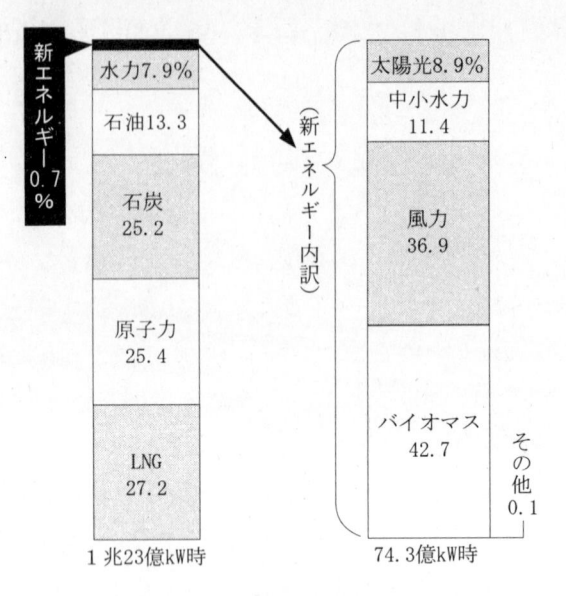

図7－1　日本の発電量に占める
　　　　新エネルギーの率 (1)

（左の棒グラフ　1兆23億kW時）
新エネルギー 0.7%
水力 7.9%
石油 13.3
石炭 25.2
原子力 25.4
LNG 27.2

（右の棒グラフ　新エネルギー内訳　74.3億kW時）
太陽光 8.9%
中小水力 11.4
風力 36.9
バイオマス 42.7
その他 0.1

年に1.35％、2014年でも1.63％と率と量の点で対照的である。一体、この違いはどうして生じるのか。これはひとえに、ソフトエネルギーを本気で増やそうとする政策の欠如である。いうまでもなく、日本は、原子力に未来を託そうとしている。電力会社から送電線を分離する「発送電分離」がなかなか進まないのも、そんな背景があるからであろう。

　他方、石油の枯渇が懸念される時代にあって、欧州の人達は、太陽を次世代の油田と考えている節がある。そうした中、有効な地球温暖化対策として世界の太陽電池市場は、年40％の伸びを見せている。現に、2007年の生産量は、2003年度の約5倍に及ぶ370万キロワットになっている。スペインは、セビリア郊外のタワー式太陽熱発電所で有名な国であるが、そのスペインでも、このところ太陽光発電の設置量を急伸させ、世界を驚かせている。それというのも、同国の累積導入量は2005年の時点ではたったの6万キロワット、2008年末には180万キロワットと増やして、全発電量の0.5％を担う見通しと

第7章 ソフトエネルギーの利用に向けて

いわれている。欧州には、日差しの強い北アフリカ諸国で発電して南欧に電気を送る「スーパー送電網」計画もある。次世代の油田は、「サハラ砂漠の太陽」という企てである。石油にどっぷりつかってきたアメリカでさえ、グリーン・ニューディール政策を掲げて太陽電池の導入や技術開発支援に積極的な取り組みを見せており、100万戸ソーラ・ルーフ計画（カリフォルニア州）といった支援の動きも見られる。ここには、エネルギー資源の中東依存体質から脱却したいとする意図も感じられる。

もともと、スペインは風力発電が約10％を占める風力大国であったが、風力のさらなる拡大は立地上の制約も出てきたため、その勢いは先の図6－2からも明らかなように、ドイツと同様、このところ鈍っている。しかし、これは支援の力点が太陽電池に移ってきたと見るべきであろう。

今でこそ、お株をドイツやスペインに奪われた格好になっているが、風力発電に関しては、デンマークもなお注目に価する存在である。1973年でのエネルギー自給率わずか2％だったデンマークは、今では100％を超えている。その柱の1つは風力発電で、電力の20％程を占めるまでになっている。こうした成果を収めるに至った政策上の背景には、フィードイン・タリフ（略記：FIT）と称される発電した電力を電力会社が一定の価格で買い取る制度を採り入れ、銀行の融資を受けやすくしたこと、また、投資減税や行政の許認可も簡素化したことがあろう。とりわけここで注目される所は、風を「地元の資源」と見なし、風力発電への投資は地域の住民に限っていることである。この結果、設備の8割は地元の個人や組合が所有している。当然、市民のエネルギー・環境そして政策への参加意識も高まり、税収は地域の活性化にも一役買っている。ドイツやスペイン、それにフランスやイタリーでも、FITを政策に採り入れている。

イギリスと日本は、FITの代わりに、ソフトエネルギーによる電力を電力会社に一定量買い取らせる制度（略記：RPS）を採り入れた。しかし、この制度は最初から予想された通り、うまく行かず、近いうちにイギリスではFITに切り換える予定になっている。日本も、住宅用太陽光発電に限って、2009

年度にFITを導入した。このようにソフトエネルギーの導入成果に関し、政策の果たすべき役割には極めて大きなものがある。ここには、何のためにどういう方法でどこまで、といったしっかりとした計画と戦略がなければ、ことがうまく行かないという現実がある。その点では、日本の政策には時流にさからう行為が多々見られ、その後始末を修正・修復という形で負っている。この度の一部とはいえRPSからFITへの移行もその一例である。

　2008年に、国際エネルギー機関（IEA）は、日本のエネルギー政策を審査して、次のように評価している。すなわち「送電線を整備すれば、より多くのソフトエネルギーを導入できる。日本のように導入量が比較的低いレベルにある国には、特に重要だ」と。言い換えれば「各電力会社が所有している送電線を、ソフトエネルギーからの電力を受け入れやすくするよう積極的に整備・運用すべき」ということであろう。しかし残念ながら、国も電力会社もその指摘に対するはっきりとした対応を見せていない。多くの国では政策上、ソフトエネルギー事業者は、ほぼ制限なしに優先的に送電線に接続できるようになっている。欧州やアメリカでも、現在新規の発電事業者は送電線を自由に使えるようになっている。この点でも、日本は異質な対応を見せているといえる。

2. 利用可能なソフトエネルギー量と技術動向

　地球に降り注いでいる太陽エネルギー量は莫大で、173兆キロワット、そのうちの30％程は宇宙へ直接反射されてしまうものの、それでも地球表面に達する量は120兆キロワットと、なお莫大である。地球が年間に受け取っているエネルギー量は、73.6垓キロジュールともいわれ、試みに2000年度の世界が費やした1次エネルギー総供給量、約37.6京キロジュールとしてもその約2万倍という量になる。そのほか、風力、バイオマス、波力などソーラーファミリーエネルギーに加えて、潮汐や地熱などの自然エネルギー全体の供給ポテンシャル量は、図7－2で見られるように、世界の年間エネルギー需要量の3,078倍という試算もある。しかし、このエネルギー量が全て利用で

第7章　ソフトエネルギーの利用に向けて

太陽エネルギー
2850倍

風力エネルギー
200倍

バイオマス
20倍

波力・潮汐エネルギー
1倍

地熱エネルギー
5倍

波力・潮汐エネルギー
2倍

世界の
エネルギー資源

自然エネルギー源のポテンシャル
自然エネルギー全体による供給ポテンシャルは現在の世界エネルギー需要の3078倍

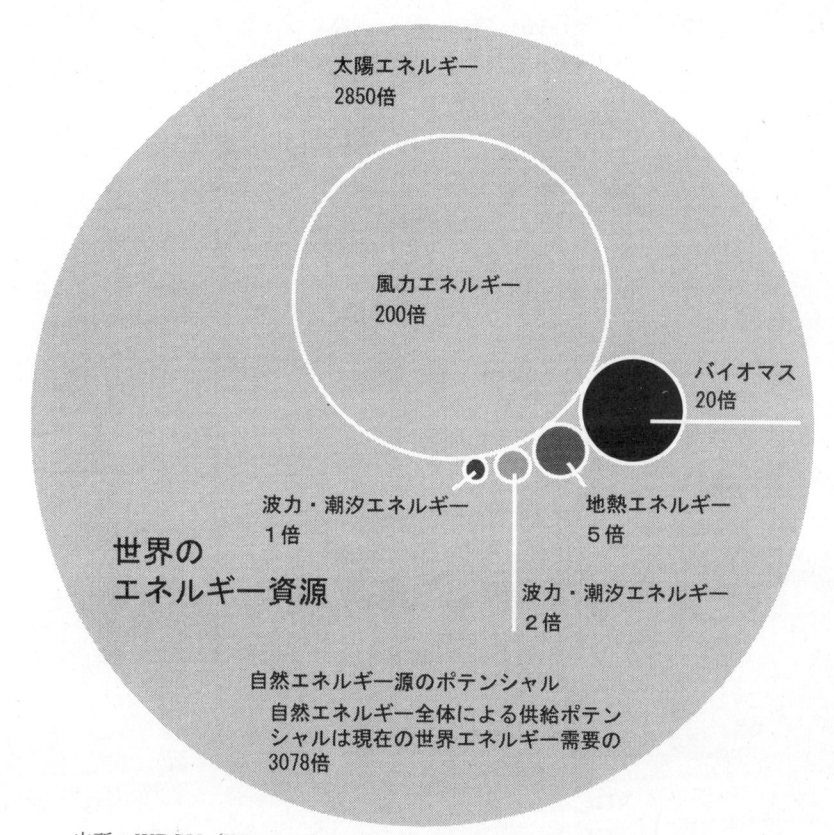

出所：WBGU（Wissenschaftliche Beirat der Bundesregierung Globale Umweltveranderungen ドイツ連邦政府地球気候変動諮問委員会）

図7－2　自然エネルギー供給ポテンシャル量[2]

きるわけではなく、実際に使える量は、現存の利用技術や経済性、制度、環境保全面、自然生態系や社会経済的条件等を配慮した上で、最終的に活用できる量が決まってくることになる。

そこでもし各自然エネルギーの潜在量のうち、技術的に利用可能な割合を各々の自然エネルギーに対して仮定し試算された例を示せば、表7－1のようになっている。それでも、世界のエネルギー需要量の約6倍のエネルギー

表7−1 現存技術で利用可能な自然エネルギー量の
世界のエネルギー需要に対する割合[2]

エネルギーの種類	割合（倍率）
太　陽	3.8倍
地　熱	1倍
風　力	0.5倍
バイオマス	0.4倍
水　力	0.15倍
海洋エネルギー	0.05倍
合　計	5.9倍

出所：DR.JOACHIM NITSCH

が、自然から得られることがわかる。従って日本でも、当然、エネルギー自給に足りるだけの充分な自然エネルギーは存在している。そこで以下、各自然エネルギーの資源量と関連する利用技術動向等を概観してみたい。

1) 太陽エネルギー

　気象庁の調査によれば、日本で我々が実際に受け取っている平均の太陽エネルギー量は、1日、1平方メートル当り約3.84キロワット時、つまり約1万3,800キロジュール（3,300キロカロリー）といわれている。また南極でさえ、季節による日射の変動が極めて大きいものの、年間で平均化すれば東京の場合の日射量と大差がない。この事実から太陽エネルギーは、世界中に隈なくほぼ平等に降り注がれていることがわかる。

　さて、太陽エネルギーを1次エネルギー源として積極的に活用しようとする際に、希薄なエネルギー密度が利用上の足かせとなり、経済性の問題をしばしば引き起こしてきたが、これは利用する側の一方的な都合を優先させた見方といえる。それというのも、第一この密度であるがゆえに、現在の自然環境があるのであって、これが変わってしまっては我々が存在できる保証す

表7-2 太陽エネルギーの主たる活用事例

エネルギー形態	利用機器・装置	利用物・効能	備　考
太陽熱	温水器、ソーラーシステム	温水、熱水	民生用で広範に活用
	蒸留装置	真水、食塩	僻地、小雨地で有効
	太陽炉	高温熱	
	温室、空気加熱器	暖　気	暖房への利用可
	太陽熱乾燥（装置）		木材、農産物の乾燥に適
	太陽熱発電プラント	電　力	適地は限定的
	太陽熱エンジン	動　力	
	ソーラークッカー	中温熱	途上国等で特に重要
太陽光	太陽電池	電　力	期待の星的存在
	採光（装置）	明かり	
	光触媒	清浄、浄化	

　らない。当然、ここにはまずこのエネルギー密度を前提条件として認識、受け入れた上で、その利用に種々の工夫や新しい技術を注ぎ込んでいくことが肝要で、面白ささえ生まれてくる。
　ところで、太陽エネルギーの利用状況を見る時、その利用の仕方には表7-2に見られるように、熱と光の利用には多くの種類が存在している。
　他方、後者の場合は、発電、採光、光化学反応と種類としてはごく限られたものとなっているが、太陽光発電はシステムが単純で可動部もない上、維持・管理にも手間が掛らない。さらに手にできるものは使い勝手の良い電力であるため、日本はもとより、世界各国でも強い関心を集めている。そこでここでは、熱の利用では、中でも民生部門で比較的利用量が多く重要と目される温水器等の集熱関係を、光の関係では、太陽光発電に焦点を絞って論ずることにする。

135

表7-3　ソーラーシステム等のストック数の推移[3]

項目 年度(12月)	戸建住宅数 (千戸)	ソーラーシステム(住宅用) ストック数（台）	普及率（％）	太陽熱温水器(住宅用) ストック数（台）	普及率（％）
2000	25,760	331,995	1.52	2,936,485	11.40
2001	26,009	358,772	1.38	2,668,415	10.26
2002	26,261	333,285	1.27	2,436,192	9.28
2003	26,491	313,534	1.18	2,241,883	8.46
2004	26,747	298,935	1.12	2,094,045	7.83
2005	27,006	289,148	1.07	1,964,410	7.27
2006	27,267	277,872	1.02	1,851,618	6.79
2007	27,531	265,058	0.96	1,744,099	6.34

（ⅰ）1m^2の受光で年に60リットルもの石油を節約させる太陽熱利用

　太陽熱利用機器の主体である太陽熱温水器やソーラーシステムの利用には、既に30年以上の歴史と経験がある。それに第5章でも触れた空気集熱器を利用した系も展開されているが、いずれの機器も、年間1平方メートル当り500万キロジュールという太陽熱を[注1]、少なくとも50～55％の集熱効率で捉えることができる。そこでもし、系からの熱損も考慮して実際に実用に供した熱量を低めの50％としても、1平方メートルの集熱面積で、年間約60リットルの石油相当分の熱を手にできる勘定になる[注2]。また集熱面積を6平方メートルに増やせば、平均的な家庭で使われる給湯熱源のほとんどを、太陽熱で賄うことができるといわれる。しかもここで手にできるエネルギー量は、その家庭全体で使われているエネルギー量の3分の1程度を占めているとのことであるので、その燃料代替効果たるやかなり大きいことが分る。当然その分、大気中へのCO_2排出量削減にも大きく寄与し、かつエネルギー自立の度合いもより高めるという利点もある。

　こうした背景もあって、かつては太陽熱がかなり利用された時期もあった。事実、現に使われている太陽熱利用機器台数の推移をたどれば、そのことが

直ぐ分る。今でこそ温水器とソーラーシステムストック数の合計が、表7－3のように、200万台程度と低迷しているが、オイルショックの影響がなお強く表われていた1995年では292万台と、300万台にも及ばんとする利用があった。このところ国は、この数を2010年には1,128万台と、現在の5倍以上に増やす目標を掲げ、そのための予算措置も講じているが、普及拡大を促すための制度の見直しがなされていないため、あまり効果が上がっていない。それでも、もしこの目標が予定通りに達成されたとすると、そこから獲得される熱エネルギー量は石油に換算して、年間約400万キロリットルと試算される。[注3]

　それにしても、日本は欧州諸国に較べ太陽エネルギーに恵まれている国でありながら、表7－3を見ても分るように、太陽熱の給湯等への利用比率は極めて低いことが分る。たとえ国が掲げる1,128万台の普及が成ったとしても、その普及率は41％程度でしかない。しかし、実際の世帯数は集合住宅も含めると4千万世帯程あり、それによる太陽熱利用の物理的潜在量は、石油代替量で860万キロリットル程と呈示されている。[4]

　加えて太陽熱の利用が出遅れている産業・業務部門での物理的潜在量は、さらに大きく1,170万キロリットル、その外、公的施設（福祉、保健、教育・文化、公舎等）で390万キロリットル、民生・業務（病院、事務所、ホテル・店舗等）関係で650万キロリットル、それに農畜産・水産関係で170万キロリットルと、これらを合せると約3,240万キロリットルとなり、熱量にして年間1,360兆キロジュールの太陽熱が利用できる勘定になる。なお、この熱の利用は、必ずしも給湯に限られるものではないことは明白である。

（ⅱ）環境負荷が絶対的に小さい太陽光発電
　我々の頭上に降り注がれる太陽光、放って置けばほとんどが直ぐに熱になって散逸する。他方、これを電力に変えて種々の仕事を余禄でさせたとしても、いずれは全てが熱に変ってこれもまた散逸、若干の時間的なずれが生じたとしても、結果は同じである。もし、ここに地産地消の考え方が導入、実

(万メガワット)

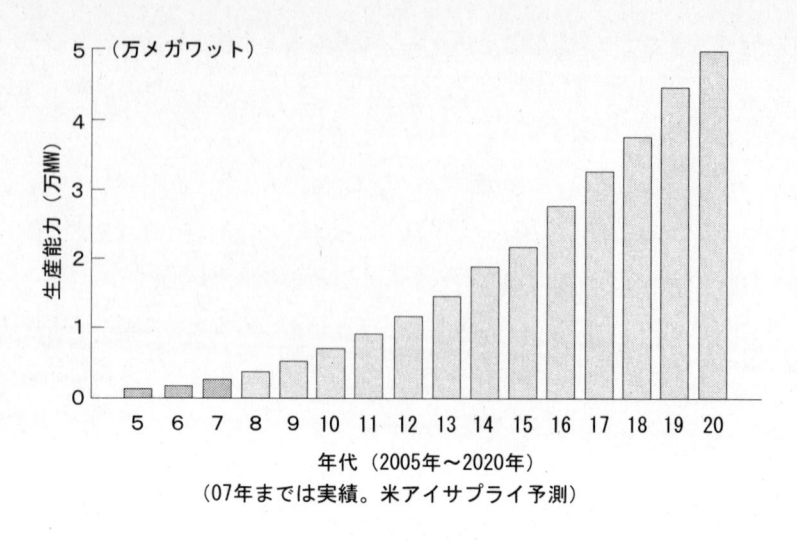

図7－3　世界の太陽電池生産能力予測

　行されれば、エネルギーの移動も起こらず環境への影響は極めて少なくなる。太陽電池は太陽光を即座に電力に変換してくれる素子で、ここには可動部のようなものの存在もない。それ故に騒音の発生もなく、その面でも環境負荷が絶対的に小さいといえる。加えて、我々が余禄で手にできる電力は、極めて質の高いエネルギーで、種々の用途に用いることができる。そうした背景もあって、今や太陽光発電は、世界の注目の的になっている。かつて、世界で先端の位置にあった日本の太陽光発電設置容量も、今では、ドイツ、スペイン、アメリカ、韓国などの国々が日本の先を走っている。

　こうした世相を反映して、太陽電池の量産化やより良い太陽電池の開発に向けての研究や技術開発が、多くの国で活発化している。急速に拡大している太陽電池市場で、半導体製造装置メーカーは、太陽電池パネルを簡単につくれる装置を太陽電池メーカーに納入することで、今や太陽電池の業界では主役の任を演じている感がある。周知のように、今のところ太陽電池の主原料はシリコンで、世界的な需要拡大でシリコンの価格も高騰している。

　その結果、発電効率は低いが材料費が安く製造コストも半分以下に抑えら

表7−4 主な太陽電池の種類

種類	特徴	変換効率
シリコン系	安定性高く広く普及	20％前後（30％台）
化合物型	シリコン使わず安価	10％台（30％台）
有機薄膜型	薄く曲げられる	5％（30％台）
色素増感型	薄く曲げられる	10％前後（30％台）
量子ドット型	潜在能力は高い	10％前後（60％台）

（注）カッコ内は理論的な限界値

れると見られている「色素増感型」と呼ばれる太陽電池、すなわち一部の波長の光を吸収して電子を放つ性質の色素を利用した太陽電池の開発も進められている。この電池はシリコンを使う方式に比べ、発電効率や寿命はかなり劣るが、光の弱い場所でも安定して発電できる特性を有している。しかも基板にプラスチックが使えるため折り曲げられ、しかも半透明で光を通すので建物の壁や自動車の窓に取り付けるといった新しい用途も見込まれている。

　また、折り曲げられ、かつシリコンを用いない点では似かよった太陽電池に、有機薄膜型といわれる太陽電池の開発もある。ここでは、電気を通す二種類の有機材料が電極で挟まれており、光を吸収する有機材料に光が当たると電子が生じ、他の有機材料がこの電子を受け取って電気を得るという仕組みである。この電池の価格はシリコン系のものに比べて1割以下になると見られているが、実用化への課題は効率と耐久性の向上といわれている。

　そのほか、シリコンを使わない太陽電池に、化合物（半導体）型といわれるものもある。この電池は、シリコンの代わりに、銅、インジウム、セレンを用いておりCISと表記されている。また、同類にCIGSなる電池もある。これは、レアメタルのインジウムを一部とはいえガリウムに置換し、効率を高めたもので、この電池は既に実用化の段階から量産態勢の域に達している。

　こうしたシリコンを使わない新しい太陽電池の開発の陰で、シリコンの使用量を従来型に比べて100分の1程で済ませる、新型の太陽電池の開発もあ

図7-4　バスターミナルに設置された両面太陽電池（守口市）

る。この電池のパネル実験は成功を収めているので、実用化利用に向けてのさらなる進展が期待されている。その一方で高効率の太陽電池の量産も進んでいる。その1例が、S社の表裏両面で発電できる太陽電池であろう。この電池は、結晶型と薄膜型の両方の電池を組み合わせたもので、パネル背面もガラスにして、その発電量は従来のものに比べ30％も向上させている。このパネルは、これまで一部の公共施設の透明屋根やバス停（図7-4）の雨よけなどに試験的に設置されてきたが、効率的に作れる生産技術も確立されたことで、国の内外で本格的に生産が開始されることになっている。

　こうした技術開発が着々と進んでいる中にあって、太陽光発電設備に至っても思うように普及・利用されていない。これは日本の新エネルギー政策、RPS法が事実上、その伸びを抑える役割を果たしてきたからである。しかし、RPS法に固執してきた政府と電力業界もようやくFIT法の優位性を認識し、既に述べたようにFITの部分的導入に踏み切った。また、一定規模の工場には緑地面積や環境施設を決められた比率で確保するよう工場立地法なる法律が課せられているが、太陽光発電設備を設置することで緑地を設けたり、環境施設を造ったりしたのと同じ効果があったと見なす同法の見直しも行な

第7章 ソフトエネルギーの利用に向けて

われている。当然、この見直しは、工場への太陽光発電設備の設置を促すのが目的である。

　ところで、こうした政策を押し進めていくことで、どれ程の電力を手にすることができるであろうか。元々、電力の価値は利用する上で熱の価値に比べて、3倍以上の価値を持っている。このことは、例えば、使い勝手の良さや、ヒートポンプで暖房する際にそこで消費される電力の持つ熱量の6倍以上の熱量を外から呼び込んでいる事実からも、容易に想像できる。従ってここで手にできる電力量が、たとえ期待するほどでなかったとしても、利用の仕方次第で額面以上の大きなメリットを手にできることになる。それでは太陽光発電に関わる時間的な制約や社会的な条件を捨象した単純な仮定のもとで、現況の施設を対象にした究極的な潜在量、いわゆる国が見ている物理的な限界潜在量は、どうなっているか。

　試みに、まず住宅を例にそれを見れば、次のようになっている。すなわち、日当たりの良い一戸建て住宅の全てに4キロワットのパネルを、また、設置可能な全ての共同住宅等には10～20キロワットのパネルを設置するという条件で、これら各々からの量を合わせて7,270万キロワットとしている。同様に、学校や図書館、病院などの公共施設には20～50キロワットのパネルを載せることで550万キロワット、また全国のオフィスビル、ホテル、工場など全ての産業施設には10～50キロワットのパネルを導入する条件で5,720万キロワット、そのほか道路、鉄道、河川、湖沼などの遊休地を対象に設置することで3,750万キロワットとしている。

　こうした量を全て合わせると1億7,300万キロワットとなり、これが国が掲げている限界潜在量である。無論、この量はあくまでも理論的な賦存量で、実現の程は流動的である。しかし仮りに実現できたとしたら、日本では平均で1キロワットのパネルを設置すると年間で1,000キロワット時の電力が手にできるので1億7,300万キロワット分のパネルでは1,730億キロワット時の電力量を手にできる勘定になる。

　発電量については、別の見方の試算もできる。例えば既に示した1平方メ

ートル当たりの1日の日射量3.84キロワット時の条件の下、太陽電池パネルの総合効率を最近のパネルの性能アップを考慮して6パーセント、また日本の宅地敷地面積の15パーセントに同パネルが敷き詰められると仮定すれば年間の発電量は1,730億キロワット時と試算される。(注4)さらに工場などの産業施設関係等で、少なくとも600億キロワット時の電力が年間に賄えるものと仮定すれば、これらを合わせて2,000億キロワット時程度の電力を少なく見積っても、確保できるものと推察される。

　なお、ここでの議論は他と同様に太陽電池の変換効率をベースにしているが、もし性能がさらに向上すれば、年間の発電量はもっと増えるであろうし、さもなければ性能が良くなった分、パネル設置の必要面積が減らせる。なお最後に付け加えておくべきは、今でこそ太陽電池の増産・普及拡大などに多大な関心が払われているが、そのうちに設置済みの太陽電池パネルも次第に老朽化してこよう。そのとき大量の廃棄物を前にしてどう処理するか、シリコンなどの再利用も含めてその対応に向けての戦略も、今のうちから練っておくことも肝要である。

　2）風　力
　風力は、太陽エネルギーと並んで、大きな期待を集めている自然エネルギーのもう1つの柱である。風力による発電は特に国外で活発で、既に見てきた図6－2からも明らかなように、アメリカと中国がこのところ非常な勢いでその発電容量を伸ばしている。その点では日本は非常に消極的な存在で、その主たる原因は政策によるところが大きい。鈍い国内需要で当該の産業もあまり育っておらず、その技術開発にもあまり力が注がれて来なかった。
　そのため、現在、設置されている風力発電機のほとんどは欧州からの輸入で、必ずしも日本の気象に合った設計が為されているとはいい難い。その結果、せっかく設置されても稼動していない系も少なくない。現に、その1つの例に、沖縄県の南大東島に立つドイツ製の系がある。同島は台風の通り道で、発電機のカバーが風に飛ばされるなどの故障が相次いで、今は休止状態

表7-5　風力発電をめぐる課題

課　題	対応・解決策、その他
気象条件への対応 （台風や落雷等に関し）	強風対策として可倒式を採用、設計変更や風車の性能向上で克服は可能。
洋上へ設置 （漁業権の補償等）	腐食・強度対策の必要性、騒音・低周波空気振動被害に対する解決策の1つ。魚礁の可能性も。
景観問題	個人的な美意識の問題で難、経済性のみではなく景観価値重視の対応も必要、オランダ風車は1つの観光資源。
環境問題 （野鳥被害、建設時の自然破壊等）	風車に衝突して死ぬ鳥は送電線の1万分の1で軽微だが、立地上の配慮は必要、風車設置の場所の選定や設置方法の検討も重要。
騒音・低周波音 （住民被害の存在）	必要な解決に向けての技術開発、設置条件の見直し、環境アセスメント（環境影響評価）の見直し等。
設置許可基準	エネルギー自立、環境保全、耐震性、安全性等を考慮した簡便かつ相応しい許認可制度の見直し。

にある。しかし、近いうちにこれを代えて可倒式の系を2基、新たに稼動させるとのことであるが、こうした対応を一つひとつ重ねて問題を解決していく態度は必要である。沖縄県は、太陽や風力など自然エネルギーに非常に恵まれながらエネルギー自給率は0.2％と、日本全体の自給率4％に比べてもはるかに低い。「エネルギーの地産地消」が必要視されている時代にあって、この状況は沖縄県にとっても大きな問題である。

さて、風力発電をめぐっては、表7-5で示すような、多くの検討すべき課題が存在している。しかしこれらの問題のほとんどは制度や基準の見直しや運用の変更、それに技術的な対応や設計を変更することで解決できる。従ってこうした課題の存在は、風力発電の普及・拡大を阻む理由にはならない。

ところで、自然の恵みは総じて公平にできている。実際、東北や北海道の年間日照時間は、関東や西日本の太平洋側より数割短いが「風」には恵まれている。当然、風力発電の適地が多い。都道府県別風力発電導入量を見ても、北海道がトップ、2位が青森県と、上位10道県のうち4位までを東北・北海

道が占めている。しかも政府の政策の影響で、各地で風力が埋もれたままになっている。例えば山形県庄内町では官民合わせて11基の風車を設置、2003年には町の年間電力消費量の6割近くを賄えるまでになった。だが、RPS法などで売買価格が下がってコスト高に、その結果、民間の風車増設計画は頓挫して「全電力を風力で」という町の目標は消えている。「天の恵みで栄える村」を標榜している福島県天栄村も同じような状況である。RPS法が施行される前の2000年に4基の風車を建設し、それによる売電で今も年約3千万円が一般会計に入っているが、このところの売電価格では、約8年先の風車更新は難しいといわれている。日本はエネルギー資源の乏しい国といわれるが自然エネルギーは決してそうではない。制度や政策が、追いついていないだけの話である。

　風車の発生電力は、風況や立地条件に大きく左右される不安定なエネルギーとして、電力会社はその電力のグリッドへの受け入れをどちらかといえば阻んでいる。そうした実体の結果を示す1つの証拠が、既に見てきた図6－1の蓄電池群である。この設備の設置が、送電線を使わせてもらう条件であったわけである。しかし、地域電力ネットワーク網に連係し、約3,000基の風車からなる系によるドイツの電力調査では、総発電量の変動はわずか5％以内で、もし地域に点在する多くの風力発電機をネットワーク化させれば、出力の平準化効果は十分にあることが実証されている。

　以上、これまで風力発電にまつわる問題や課題をいろいろ見てきたが、風力による発電は潜在的能力の大きさや1キロワット時当たりの発電で排出されるCO_2は29グラムと、商用電力の場合の約400グラムに較べても非常に小さい。このことを考えても、風力は大いに期待される自然エネルギー源の1つである。また最近の風車は、1985年頃のものに較べて、定格出力は約36倍の2千キロワット、平均風速毎秒7メートル下での年間発電量は40倍の489万キロワット時と、経済性も大幅に改善されている。その上、風車設置の単位出力当りの占有面積も減少している。

　ここでさらに、研究開発中の電力貯蔵システムと洋上風力発電機との組み

第7章　ソフトエネルギーの利用に向けて

図7-5　日本で初めての洋上風力発電施設「風海鳥」
　　　　（北海道瀬棚町）

合わせが実現すれば、送電の不安定さからも解放され、洋上風力発電プラントの将来性はさらに高まる。図7-5の風車は、日本で初めて設置された洋上風力発電施設で、瀬棚町の沖合700メートルの海域に設置されている。高さは約60メートル、電気出力は2基で1,200キロワットで、海底ケーブルを通じて瀬棚町に発電した電力を供給している。このように、洋上風力発電は日本でも可能である。表7-6は、日本水路協会のデータを参考に、水深100メートル未満の海域で、年平均風速毎秒2メートルから14メートルの地域を水深・風速別に、その該当する地域の面積を示したものである。他方、現在の商用風力発電機の規模は2千キロワットのものが主流になりつつあるが、3千キロワットという声もないわけではない。そこで、2030年を目途に3千キロワットの系を対象に、洋上風力発電による電力量を見積れば、表7-7のように試算される。

145

表7-6 水深・風速別風車設置可能海上地域面積
(単位はkm²)

風速〔m/s〕＼水深〔m〕	0〜20	20〜100	合計〔km²〕
2〜6	5,545	13,415	18,961
6〜7	9,702	23,655	33,357
7〜8	10,109	43,617	53,726
8〜9	6,887	33,182	40,069
9〜10	1,711	11,646	13,357
10〜14	368	1,148	1,516
合 計〔km²〕	34,322	126,662	160,984

注）風速の測定は海面より高さ60メートルのところ

表7-7 定格出力3千kWの風力発電機による洋上発電量試算（その1）

風 速〔m/s〕	風車の設備利用率〔%〕	3千kW系風車の年間発電量〔MWh〕	設置可能地域面積〔km²〕	〔1基/km²〕のときの発電量〔億kWh〕
6.0	19.7	5,177 *1	33,357 *2	863 *3
6.5	23.8	6,255		1,043
7.0	27.9	7,332	53,726	1,970
7.5	32.3	8,488		2,280
8.0	36.4	9,540	40,069	1,911
8.5	40.3	10,591		2,122
9.0	44.0	11,563	13,357	722
9.5	47.4	12,457		832

* 1：例えばこの数字は風力出力（この場合は3千kW＝3MW）×設備利用率（この場合は19.7％＝0.197）×年間の時間（24×365）、すなわち3〔MW〕×0.197×8760〔h〕≒5,177〔MWh〕として計算される。以下同様。
* 2：この数字は表7-6から拾い上げた数字。
* 3：例えばこの数字は1km²当り当該機を1基設置する考えで設置対象地域面積は風速6.5〔m/s〕の場合と共有しているので1km²当り0.5基として計算している。具体的には5,177MWh＝0.05177億kWhであるので
 0.05177〔億kWh/基〕×0.5〔基/km²〕×33,357〔km²〕≒863〔億kWh〕

146

表7-8 水深20m以下の洋上に2千kWの風車を1km²当り1基設置した際の年間の発電量試算(その2)

風速 〔m/s〕	風車の設備 利用率〔%〕	風車の年間発電量 〔MWh〕	設置場所の 面積〔km²〕	設置場所から得る 発電量〔億kWh〕
6.0	19.7	5,177	9,702	251
6.5	23.8	6,255		303
7.0	27.9	7,332	10,109	371
7.5	32.3	8,488		429
8.0	36.4	9,540	6,887	329
8.5	40.3	10,591		365
9.0	44.0	11,563	1,711	99
9.5	47.4	12,457		107
合 計〔億kWh〕				2,257

　この試算結果の実現の程はさらなる詳細な検討が技術的にも要求されることになるが、風速毎秒7〜8メートル程の風が吹く地域面積約5万4千平方キロメートルあたりの洋上に、1平方キロメートル当り1基の割合で風力発電施設を設けても、年間約2,000億キロワット時の電力量が手にできる勘定になる。なお洋上風車の基礎構造は、着床式では水深がせいぜい20メートル以内で、年平均風速毎秒6〜10メートルの地域を対象に、先と同様に1平方キロメートル当り1基の割合で3千キロワットの風車を設置することを前提に、同様の試算を行なえば、表7-8のようになって、全体の総発電量は2,257億キロワット時となる。また、設置される風車の基数は約3万基となって、先の試算の5万数千基と比べても実現の可能性が高いと推察される。いずれにしろ、陸上風車による発電量とも合せれば、年間2,500億キロワット時程の発電量を期待することもできよう。

3）水　力

　山々に囲まれ起伏に富んだ地形と降水量の多い自然環境は、水力発電に適

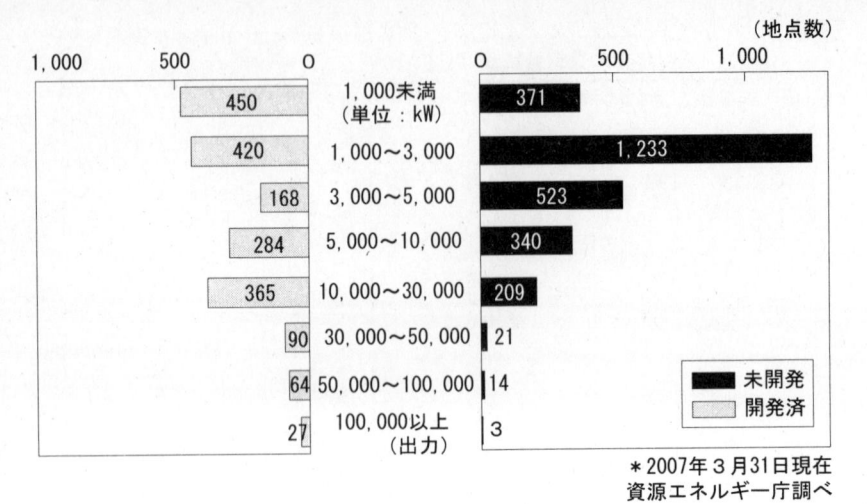

開発済	出力(kW)	未開発
450	1,000未満	371
420	1,000～3,000	1,233
168	3,000～5,000	523
284	5,000～10,000	340
365	10,000～30,000	209
90	30,000～50,000	21
64	50,000～100,000	14
27	100,000以上	3

＊2007年3月31日現在 資源エネルギー庁調べ

図7－6　水力の出力別地点数分布

している。エネルギー資源の少ない国といわれながらも、その点では日本は非常に恵まれている。この恵まれた水資源を有効に活用するため、古くから水力発電に適した場所の全国的な調査が行われてきた。国が中心になって初めて行われた調査は明治43年、その後、社会的なニーズがある度にこれに合せて調査され、これまで計5回行われている。

　さて、1993年の資源エネルギー庁による第5次水力発電調査によれば、日本の未開発水力利用適正地数は2,714個所、そこから得られるであろう予想最大総出力は12,131メガワットで、年間の発電量は約460億キロワット時となっている。他方、既に開発済みの地点数は1,868個所、総出力は22,562メガワットで、年間の発電量は936億キロワット時となっている。従ってこれらを合わせると、約1,400億キロワット時の発電量は可能である。

　図7－6は、水力発電が可能な場所の数を出力規模に応じて示したもので、この図が示すように、今後水資源の開発があるとすれば、中小規模の水力が圧倒的に多いことが分かる。しかし中小規模水力の経済性、すなわち発電所や送電施設の建設等に費やされる費用に対する便益、いうなれば得られる発電量が大規模水力に比べ概して小さいといわれている。そうした背景もあっ

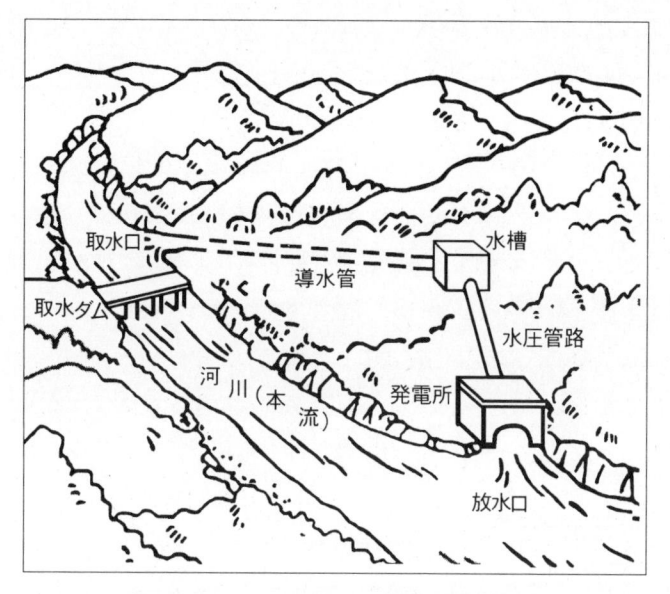

第7章 ソフトエネルギーの利用に向けて

図7-7 「流れ込式」水力発電システム

て、これまでは水力の開発では大規模のものに目が奪われ勝ちであったが、最近では環境への影響の度合を重視されるようになり、むしろ中小規模の方に関心が集まるようになっている。経済性にしても電力の地産地消をモットーに考えるようになれば、かなり改善の余地がある。確かに、これまでは水力発電所といえば、大方はダムを伴う貯水式で開発されてきた。発電所の約9割が、このタイプの発電所であった。その結果、今ではこのタイプの発電所を設置できる適地の余地は、ほとんど残っていない。

では、先の第5次水力発電調査に基づく未開発包蔵水力、年間460億キロワット時という推定値はどこから来たものか。実は、流れ込み式の小水力発電も対象にその適地を調査した結果といっても差し支えない。それでは、ここで意図している流れ込み式小水力発電とは、基本的にはどのような要件を満たすものか。それにはいくつかの考え方があろうが、次の3つの項目を掲げることができる。

149

①発電目的の貯水用ダムを伴っていない。
②最大出力は3千キロワット以下である。
③河水の水量が少ないときに合せた設計が為されている。

　小型の「流れ込み式」発電所は、河川や水路を流れる水の一部をそのままに使ってタービンを駆動するため、魚道なども含め環境をほとんど損なわずに発電することができる。タービンで仕事をさせた水は直ぐに元の河川や水路に戻されるので、流れは回復するし、大量の水を貯めるダムや貯水湖をわざわざ用意する必要もなく、その分、経済的な負担も軽減される。また設備の持続性についても、ダムの場合では土砂の堆積で大規模な浚渫が時には必要になるが、流れ込み式では水路の保全等、比較的簡単な改修工事でことが済むケースが多い。
　ただ、流れ込み式の場合、渇水などで河川の流れが少なくなると、てきめんにその影響を受け、設備利用率も悪化して経済性も悪くなる。そのため、こういう事態に落ち入らぬよう、水源地帯の保水能力を、極力高めておくことが肝要である。「緑のダム」の強化である。これへの対応は、何も水力発電へのメリットを考えての話に止まるものではない。「緑のダム能力」の増強・拡大は、渇水や洪水といった自然災害に対する備えを強化するだけでなく、そうしたものによる損害も小さくすることができる。自然の生態系に近い状況で復元された山地の緑地帯を巻き込んだ治水は、結果的には諸々の面で大きなメリットをもたらしてくれる。水力発電による安定的な電力の供給はその1つに過ぎない。
　水力発電については

①純国産エネルギーで安定供給に寄与
②発電時にCO_2を排出しない
③長期固定電源であり、電力価格の安定化に貢献
④需要の変化に素早く対応できる電源で、電力の品質向上に寄与

等とその特徴が高く評価されながらも、反面、経済性や開発リスク等が、事業リスクとしてとりあげられている。しかし、経済性の評価に関しては既に触れた治水によるメリットをも考慮した総合的な価値判断の中で考えるべきであるし、開発のリスクは「流れ込み式」発電所の場合はさほど大きな問題にはならない。加えて、問題視されている水利用の在り方、立地地域との共生等の問題は水力発電の技術や本質に関わるものではなく、人為的な制度や法律に関係する課題で別の土俵で検討されるべきものである。いずれにしろ、「流れ込み式」中小水力発電の健全な開発と進展は、今後、ますます期待されるところが大きくなろう。

4）地 熱

いうまでもなく地熱は地球の地殻深くから発生する熱で、多くの地域では、熱は地表面に達するまでにほとんどが拡散してしまう。しかし米国西部、アイスランドそれにニュージーランドなどでは、地質構造の関係で、地表から比較的浅いところに地熱溜りが存在している。温度が150℃と高い地熱溜りの熱はもっぱら発電に利用され、現在、世界の地熱発電設備容量は、合計で約8,000メガワットといわれている。地熱発電の特長はCO_2の排出が少ない上、昼夜を問わず年間を通して安定して電力を供給することが可能である。それ故、設備利用率が、自然エネルギーを対象にした発電システムの中でも極めて高い。例えば太陽光発電の設備利用率は12％、風力発電のそれは20％、それに対して地熱発電では70％となっている。

さて、産業技術総合研究所の地熱資源量評価によれば、150℃以上の地熱に対する資源地区と資源出力は表7－9のようになっており、総資源出力は約2,347万キロワットとなっている。そのうち国立公園の開発規制を受けない地区の地熱資源の出力規模は、約425万キロワット、全体の18％程度で、他はほとんどが規制の対象になっている。しかし温度が53℃～120℃の中・低温の資源となると国土の22.2％の地区が対象となり、全国展開が可能とな

表7-9　日本の地熱資源地区と同資源量

資源地区分	資源量（万kW）	シェア（％）
国立公園特別保護地	780	33.2
国立公園特別地	1,142	48.7
その他	425	18.1
合　計	2,347	100.0

っている。この熱源による発電、すなわち温泉熱発電に対する資源出力は、約833万キロワットと無視できない量である。

　日本で最初に稼動させた地熱発電所は岩手県松川の系で、当初の電気出力は9,500キロワット、その翌年には2万キロワット、1993年にはその出力は2万3,500キロワットと上昇させてきた。1998年度のこの系による総発電量は1億5,736万キロワット時で、稼動開始時から今日に至るほぼ40余年間にも及ぶ期間、95％以上の高稼動率で運転され、資源枯渇の問題もあまり心配がないことが立証されている。なお、1998年当時の発電所の設置基数は19基、その時点の総出力は54万7,000キロワットであった。これに対し、資源エネルギー庁による1996年の試算では、地熱発電の当面の開発可能資源量は247万キロワットとなっていて、この量は表7-9で示されている合計資源量の10％程でしかない。いい換えれば、資源量の面では未だ充分に余裕があるということである。ただ、地熱発電にも開発のリスクや開発コストが高いという経済的な課題がまず横たわっている。より具体的には

①地下深部の調査が必要ということで、開発のリードタイムが15〜20年と長い
②調査・開発の段階で多数の抗井掘削が必要
③運転開始後にも、補充井の掘削が必要
④開発コストや開発リスク低減のための技術開発が残っている

等がある。

　次なる課題は、自然公園法等の関係法令や諸規制への対応・対策である。多くの有望な開発地域は、概して国立公園地域内にある。現に当面の開発可能資源量約247万キロワットのうち、自然公園地域内にあるものは約114万キロワットと46％にも及んでいる。

　最後の課題に、地元温泉事業者らとの調整があろう。有望な開発地域は、ほとんど温泉地の近傍にある。実際、先程の開発可能資源量約247万キロワットのうち、約196万キロワットは温泉地から数キロメートル以内にある。そのため、温泉への影響を心配する温泉事業者らとの調整がうまく行かず、開発の停滞も少なくない。そのほか、景観の劣化等を理由にした反対に遭遇することも少なくない。環境面では、熱水中に含まれる砒素や硫化水素などの有毒物質による汚染問題がある。しかし、地表で分離された熱水は、多くの場合、地下深く還元井戸を掘って全量が地下に還されるので、地下水の欠乏や有害物質の影響は、その分小さくなっている。

　しかしながら、地熱発電についてはこうした諸々の事情や制約があって、今後、発電量に大きな進展が望めないとの見方がある。環境保全、持続性、地域文化を重視する姿勢を取れば、これまでに電気事業審査会需給部会等が示した最高の計画目標値280万キロワットを大きく割り込み、せいぜい現況の2.8倍の150万キロワットくらいが限度とみられている。

　しかし、地熱の利用は何も大規模の系に限られるわけでもないし、熱水や温泉発電用に利用できる中・低温の地熱資源も多いので、これを使う手もある。技術的には、温泉熱を使ったバイナリー発電装置なるものも実用化されており、これで発電した電力を電照菊の照明に当てたという事例もある。加えて、海洋温度差発電の技術を流用すればさらに低い温度の地熱をも活用できる可能性もある。こうした技術を動員し改善を図って行けば、将来のいつの日かは200万キロワットくらいは実現できよう。そうすれば年間の発電量は180億キロワット時弱程にはなろう。

図7−8　九州の某地熱発電所の全景

5）バイオマスエネルギー

（i）バイオマスとその賦存量

　バイオマスの意味するところは、広義にはエネルギー源として利用できる生物由来の資源を指している。しかし、ここでは再生ができることが暗黙の了解になっており、その意味で、化石燃料はこれには含まれていない。バイオマスには、木材、作物、藻類、その他の植物や農林業の残渣などがあり、その最終的な利用の仕方には、暖房は無論のこと、発電や自動車用燃料として用いることも可能である。

　そもそも、エネルギーを利用する場合に要求される要件としては、好きなときに、好きなところで、好きなだけ使えることが最も望ましい条件であり、これらを全て満足していたエネルギー資源が石油である。それ故に、石油がこれまでエネルギーの主流を担ってきたが、この任を再生可能エネルギーに求めるならば、バイオマスが最も適している。この意味でバイオマスには大

きな期待が寄せられており、国外、とりわけ北欧諸国では、エネルギー資源としての主要な役割を果している。実際、風力発電の先進国、デンマークでさえも、麦藁、木くずなどのバイオマス燃料が、再生可能エネルギー量の約半分弱を占めている。

その点では、日本は森林資源の多い国でありながらバイオマスエネルギーの導入面では後進国の部類に属している。バイオマスの賦存量が少ないためではなく、エネルギー政策上、これまで相手にしてこなかっただけの話である。日本の新エネルギー政策の中で、バイオマスというエネルギー区分が初めてなされたのは2002年の政令改正時であり、このことからも頷ける。それにしても、日本ではエネルギー資源としてのバイオマス賦存量をどれほどに見積れば良いものか、これには種々の調査報告があり、視点の違いもあって必ずしも資源予測量が統一されていないが、多くはおおよそ1億トン程度を推定している。しかしこれらはいずれも廃棄物と身近な未利用資源を基準にして推定しており、妥当な値とは言い難いという見方もあり、別の推定値の提示もある。すなわち森林の年間成長量を乾物基準で9,000万トン、廃棄物系バイオマス発生量を1億8,000万トンとして合計2億7,000万トン、これを石油に換算すれば7,000万キロリッターに相当するというものである。[6] 無論、この値の推定者も指摘しているように、このエネルギー量を実際にバイオマスから得るには相当な環境整備が必要になるし、廃棄物系バイオマス利用に関する法制的な見直しも必要になってこよう。バイオマスエネルギーについても、「固定価格買い取り制度」の適用やバイオマスの汎用的かつ実用的な利用技術開発に、然るべき経済的な支援も考える必要がある。

(ⅱ) バイオマスに関わる利用技術

バイオマス発電は、廃材や端材を燃料として使い易いよう燃焼前に加工する必要がある。しかしこの点を除けば、その仕組みは石炭の火力発電所とほとんど変るところがない。強いて両者の違いを挙げるならば、規模が概して小さいことぐらいであろう。小規模にならざるを得ない理由は、地産地消の

表7-10 バイオマス燃料の変換および利用形態

原料	変換の形式	変換技術	変換後の形態	主たる利用の形態
木質	物理的	粉砕、切断 加圧、加温	薪、木屑、チップ	ボイラー、ストーブ 家庭用燃料
			オガタン、ペレット	
搾油	化学的	油脂エステル化	バイオディーゼル油	軽油代替
糖質、澱粉	生物的	アルコール発酵	エタノール	ガソリン代替
汚泥、生ゴミ		嫌気性消化	メタン	天然ガス代替
草木	熱化学的	炭化	木炭、粒炭	家庭用、産業用燃料、 内燃機関用燃料等
		ガス化	合成ガス	
		ガス化→液化	メタノール	

観点から使う燃料はできるだけプラントの近辺から調達しようとするためで、その調達可能量に左右されている。しかしこうしたハンディキャップがあるものの、このプラントをコジェネレーション（熱電併給）プラントにすれば、発生熱を近隣の住宅や事務所等へ熱を供給することができる。これは、最も経済的な使い方である。また燃料の加工で木質系バイオマスをペレットにしてしまえば、天然ガスや石油の代わりに、住宅の暖房や給湯に利用することもできる。

　他方、固体バイオマス燃料の流体化は利用の範囲が広がるが、経済性は悪くなる。しかし、エンジンとヒートポンプと組み合せたシステムやガス化複合発電プラントで流体化した燃料を使用すれば、そのデメリットはある程度は相殺できる。

　表7-10は、バイオマス燃料をどのように加工し、どのように利用するかを一覧表にしたもので、最初の物理的な加工しか施していない固体バイオマスでも、小規模熱発生施設での利用に対しては大きなポテンシャルを有している。農作物から転換するエタノールや菜種メチルエステルから製造される「バイオディーゼル油」は、近年アメリカやブラジルで内燃機関の燃料として重要性を増しているが、食料と競合する面もあって、エネルギー問題に限

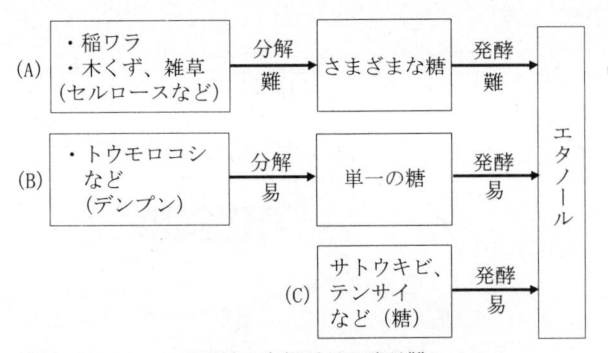

第7章　ソフトエネルギーの利用に向けて

```
(A) ・稲ワラ            分解      さまざまな糖    発酵
    ・木くず、雑草        難                      難
    （セルロースなど）

(B) ・トウモロコシ       分解      単一の糖        発酵       エタノール
    など                易                      易
    （デンプン）

(C) サトウキビ、                                  発酵
    テンサイ                                     易
    など（糖）
```

（注）セルロースは原料は安価だが発酵が難しい

図7－9　バイオエタノールの主な製造法

定しての問題の解決ははかり難い。その点では有機物の合成ガスから合成燃料を製造するプロセスも、その役割としては大きくなることが考えられる。その一方で、遺伝子改変の微生物を使って、木くずや雑草などに含まれる繊維の全成分を短時間のうちにエタノールに変える技術が、開発されたと伝えられている。[7]

　より詳しく説明すれば、これまではバイオエタノールを得るには、図7－9の（B）か（C）の方法によっていた。これを（A）の方法で行なおうというもので、原料は食料と競合する砂糖やトウモロコシなどの糖類などではない。その上、エタノールを得る仕組みが、図7－10のようになっているので、エタノールの生産効率が従来の方法の2～3倍といわれている。ここで使われる微生物は、普通にどこにでも生息している「コリネ菌」で、これの遺伝子を組み換え、植物繊維を分解してできる全ての糖をエタノールにできるよう改良したもの、従って繊維セルロースを酸や酵素で分解して糖のかたちとし、反応タンクでこの菌と混ぜておけばエタノールが得られると説明されている。

　この技術に対しては、改良されたコリネ菌が生態系に対し何らかの影響をもたらさないか、不安な面もあるが、効率の良い新しいエタノールをつくる技術を確立したことの意義は大きい。

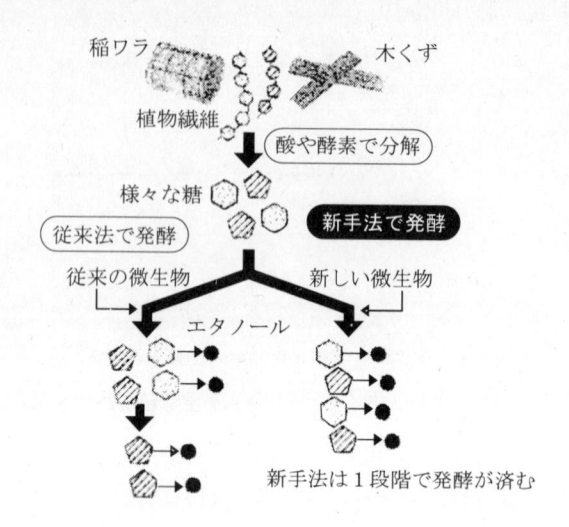

図7-10　木屑・稲藁を分解してエタノールを得るしくみ

3．自然エネルギーの利用で考えるべき課題
　　～その素描と対応～

1）知っておきたいソフトエネルギーを使うことの本質

　ソフトエネルギーならば環境に対する負荷はほとんどない、もしくは皆無であるかの如く錯覚している節も往々にして見られる。
　しかし、ソフトエネルギーといえども、エネルギーであることは間違いなく、扱えば当然、エネルギー本来の影響に直面せざるを得ないことになる。そもそも「エネルギーとは、周辺や他の事物に対し何らかの影響や変化をもたらし得る能力を有するもの」と定義されている。したがって、我々は自分にとって都合のよい変化や状況をつくり出すためにエネルギーを使うわけであるが、この辺のことを正しく理解せずにいい加減に扱えば、利どころか却って好ましからざる問題を惹き起す。
　さて、いまさら言及する必要もなかろうが、ハードエネルギーの代表格と見られる化石燃料にしても、ウランにしても、それ自体は単なる物質であっ

て、エネルギーではない。しかし、それからエネルギーを引き出そうとすれば、燃焼とか核分裂といった現象を現出させなければならず、この際に、当該物質を自然界から取り出してくる時と同様に、大きな負荷と負担を環境に与えざるを得ない。環境保全がより重視されるようになりつつある昨今、この特性もこれらのエネルギー資源の利用がますます敬遠される1つの要因になっている。

　他方、ソフトエネルギーについていうならば、元々バイオマスなどいくつかの例外はあるものの、大半は太陽エネルギーや風力等自然界のエネルギーそのものが対象になっている。いわずと知れた、この時点で既にエネルギーの形で存在している。それ故に、例えば化石燃料の場合に見られるような採掘や燃焼といった手間が、既に省いている。当然、これらの作業に伴う環境負荷も回避できるということになる。いうならば、自然エネルギーの利用は、自然界に存在しているエネルギーの一部を必要に応じて、ちょっと失敬し、これを望ましいエネルギーの形に変えて活用するようなものである。

　しかし、だからといって、この行為が自然界にとって全く影響がないわけではない。自然界に起こっているエネルギー循環は、大小は別としても錯乱を引き起こすし、エネルギー変換時にも影響を与えることは確かである。したがって、対象がソフトエネルギーだからといって、利用者の意のままに、大規模にエネルギーを特定の場所から集中して収奪し、これを遠距離に亘って移送する如き行為は、その撹乱をそれだけ大きくすることにつながり、必ずしも好ましくない。ここにも必然的に行為の謙虚さが求められ、この謙虚さは結局は環境保全に寄与することになる。この観点からすれば、自然エネルギーの利用についても、地産地消が望ましい姿ということができる。

　次に心掛けておかなければならないことに、利用できる量の制約という課題がある。ソフトエネルギーだからといって、その利用の環境への影響が皆無でないことは既に述べたところであるが、利用できる量についても限度がある。人間が、独り占めするわけにはいかない。そこには、生態系の維持という前提条件が存在している。この条件を無視すれば、間接節に、これもま

た環境の劣化という事態を招くことになる。それ故に、たとえ人類が使用しているエネルギーに較べ自然エネルギーの存在量が莫大であるといえども、省エネルギーにつながるエネルギーの効果的な活用は、引き続き踏襲していかざるを得ない状況にある。

　この他、自然界に存在しているエネルギーの多くは、必ずしも利用者にとって使い勝手の良いエネルギーの形態になっているとは限らない。ソフトエネルギーを利用するにしても、多くの場合、既に述べたようにエネルギー変換が必要になるということである。無論、この際にも利用できるエネルギーの量の損失と環境負荷が生じてしまうことはいうまでもない。

2）ソフトエネルギーの魅力を減らす、過度の商業主義

　ソフトエネルギーの魅力の1つは、ユーザーに近い存在であるということである。

　太陽エネルギー等は、その典型といえる。太陽熱を使うことにつながる太陽温水器等は、多くの消費者にとって身近に親しまれた良好なエネルギー変換機器である。ここには太陽光を熱に変える特別な機器も必要ないし、多くは可動部に当たるものも具備されていない。当然、騒音の問題からも解放され、それでいて熱への変換効率もエネルギーの質の問題で悪くはない。おまけに、この機器から供される温水は、一般の家庭でも多く使われる重宝な必需物である。

　こうした多くの利点が幸いして、かつて、オイル危機の際には日本でもこの機器は、爆発的な普及を見せた。しかし、既に述べたようにこの時の普及率をピークに、その後は年々、その利用の度合は減少の一途を辿り、今ではそれの一般住宅への年間新規設置台数は往時の5％にも満たない状況に陥っている。その主因には、政府の政策変更やその後の原油価格の下落などもあるが、これに加え、一部とはいえ当該機器メーカーの消費者への対応のまずさが、これに拍車を掛けた。メーカー間の売り込み競争の激化で消費者へのサービスを疎かにし、良いことだけを殊更に強調し、強引な売り込みも行わ

れた。その結果、少なからず消費者の反感を買い、信頼を失ってしまったという経緯がある。こうした過ちの根底には、過度の利益追求があったことは間違いない。結果的には、優れた商品なのに、消費者の太陽熱利用への関心も失わせ、事業を撤退するメーカーも現れて、この分野の技術的な進歩も停滞させた。

　散発的とはいえ、訪問販売を中心に、同じような過ちが太陽光発電設備関係でもなされている模様である。具体的には説明された程の発電量が得られないとか、疑問に答えてくれない、設置の不備、設置後の対応の不親切さ等、雑多な不満の声が聞こえるようになっている。これらの不手際は、確実に消費者の機器への関心と信用を失わしめ、時代の流れに背を向ける状況を醸し出している。

3）自然エネルギー利用でも必要な環境影響評価

　この場合に限らず、干拓、ダム建設、大型構造物の設置等の際には、前もって、それらの事業が行われることによる環境影響評価が実施されるのが普通である。しかし、これまでの同評価の結果を見る限りでは、総じて、事業を予定通りに進めるのに有利な答申がなされ、実施後に予期せぬ問題を引き起こしているケースも少なくない。いうなれば、環境影響評価を一応形式的には行うものの、事前に都合の良い評価結果になるよう作為的ともいえるような評価が行われ、答申するケースも少なくないと想像される。こうした悪弊が災いした、評価と実際との結果が大きく異なる典型的な最近の例の1つに、有明海の干拓事業がある。このような環境影響評価では実質的には何の益も持ち合わせていないし、意味がない。世間を欺くことだけでしかなくなる。もし、このような評価の在り方が、規模の大きなソフトエネルギー利用設備類、例えばメガソーラーや大型風車等の設置に持ち込まれれば、世間のソフトエネルギーへの信頼は確実に低下してしまうだろう。

　近年では、ダムを伴った水力発電より、河川や水路を活用した流れ込み式

水力発電に関心が集まっている。ダムを造る適地が少なくなっていることもあるが、本質的にはダムを造ることによる大きな環境破壊も大きく影響している。ダム建設の際の環境影響評価も、透明性の面であまり信用されなくなっている。このような不明瞭なものに信頼を置かざるを得ない設備よりは、一目瞭然、環境への影響が少ないことが容易に想像できる、概して小さな流れ込み式の中小発電設備のほうが信頼が置けるし、生態系に穏和であることは確実である。しかも、エネルギーの地産地消の観点からも理に叶っている。その上、設備を設けることのできる適地も全国津々浦々、今でも数多く残されている。

　火山国であるが故に利用可能になっている地熱発電は、現存の発電所の規模を見る限りでは、比較的大きく、当然、多くは環境影響評価の対象になる。とはいえ、発電所のある場所は、図7-11からも想像できるように、概して人里から離れた山中などが多いため、幸いにも住民の生活に支障をきたすような表立った状態はほとんど起こっていない。だからといって、環境影響評価は不必要ということにはならない。

　発電所を設置するということは、本来なら地表に出てくるはずのない熱水までも、強制的に引き出すわけで、その熱水は急激に熱を奪われることで、所内で溶解物を析出させる。析出物は主としてシリカや炭酸カルシューム等の物質で、例えば、図7-12で見られるように配管系の管内壁面にも付着・堆積してくる。これらの物質は特に毒性のあるものではないが、その処分が必要になる。また、往々にして出てくる硫化水素なるガスは、死に至らしめる程の非常に危険な気体である。それ故、環境保全の観点から、当然監視や然るべき対策も必要になってくる。

　また、発電をし終えた温度の下がった凝縮水は還元井戸を掘って再び地下に戻されるわけであるが、必ずしも汲み出した水量の全量を戻せるわけではない。ここでは、地下水の監視という作業が必要となってくる。

　このような状況を見れば、地熱発電については前もっての環境影響評価は、

第7章　ソフトエネルギーの利用に向けて

図7-11　遠景に観る某地熱発電所

図7-12　配管系内壁面に付着・堆積した熱水からの析出物

健全な設備を構築する上で、どうしても必要になってくることが分かる。

　水力発電や地熱発電の場合に較べれば、地表の状況や地形を変える必要性の少ない太陽光発電設備は、さらに可動部も一切持ち合わせていないため、騒音の問題を発生させることもない。したがって、数キロワット規模の発電設備ならば環境影響評価を行う必要性はほとんどないであろう。もしも、検討の必要があるとすれば電磁波の問題くらいであろうが、電磁波に関わるものは何も太陽光発電だけに限られるものでもない。

　しかし、メガソーラー等といわれる程の大規模の系になれば話が別で、それなりの環境影響評価を行う必要は生じよう。特に、居住地近傍での設置なら少なくとも電磁波に対する影響の程は、その問題の有無も含めて検討しておく方が無難といえる。こうした配慮は地域住民の不安を払拭し、信頼を得るための大きな一助になる。

　最後に、風力発電についても言及しておきたい。

　それというのも、風力発電はソフトエネルギー資源の中でも、太陽エネルギーと並んで主要な座を占めており、国産エネルギーのホープの1つとして、大きな期待を集めているからである。しかも、欧米、とりわけEUでは最も実用化が進んでいる自然エネルギーでもある。

　一方、日本での普及はそれ程ではないが、それにも拘らず、風力発電設備の設置に限って反対する動きが起こっている。これからもっと増やしていかなければならない時に、こうした反対が起きること自体、由々しき事態といわざるを得ない。

　反対する理由は、風車から発せられる低周波音被害だといわれている。もし、風車の設置に際し、前もって綿密な環境影響調査が実施され、その結果を十分に活かして対処・設置していれば、こういった反対は決して起こらなかったはずである。この反対の動きは、確実に風車増設のスピードを鈍らせると共に、風車に対する市民の信頼を大きく損なわせるきっかけになる。

　風車に限らず、これまでにも種々の事業を展開させる上で、このような過

第7章 ソフトエネルギーの利用に向けて

ちを幾度となく繰り返してきた。それにも拘わらず、こうした貴重な経験を活かすことなく、またもや同じような失敗を重ねている。背景には、経済至上の考え方が今だに支配、過去の過ちに対する反省が十分になされていないことがある。ソフトエネルギーを利用することの意味の１つに、環境負荷を小さくして環境保全を増進させることがある。

　その意義を全く忘れ、新たなビジネスチャンスの到来とばかりに儲けることを前面に、風力発電事業に携わる事業者の存在も見え隠れしている。しかし、市民の信頼と協力のない事業はうまくいかない。実際、人よりモノを優先し、儲けに走った事業や企業は、消滅も含め、うまくいっていないことの実例は、これまでもよく見てきたところでもある。

　さて、今更述べる必要もなかろうが、風車は、風の持つ運動エネルギーを電力に変える一種のエネルギー変換機器である。当然、メカニカルの可動部を具備し、その部分をより長い時間動かすことで発電の能率も向上し、それを１つの目標に適地に系が設置されるわけであるが、このことは同時に空気振動も含めて音をより長い時間、発生し続けるということにもつながる。この現実から、風車の設置に際して重視さるべき環境影響評価項目は、主に音や振動の影響に関するものといえる。はたしてこの辺の問題回避に向けての対応は十分か、火のない所に反対の煙は立たなかろう。

　大きな鐘を持つ寺院での言い伝えによれば、例えば詩に

　「音に名高い千光寺の鐘は　一里聞こえて　二里ひびく」[8]

とあるように、音は４キロメートル程も離れれば聞こえなくなるが、聞こえない超低周波音域の空気振動は、なかなか減衰せず、遠く８キロメートルまでも届くことを、この詩は示唆している。人は、音としては聞こえなくても、低周波の空気振動に長期・長時間曝されれば、身体に変調をきたすことは十分にあり得ることで、現に被害を訴える人達が少なからず出ている。被害者を生んでいる系のいくつかを挙げれば、

①渥美半島の細谷風力発電所、久美原風力発電所、渥美風力発電所、田原

臨海風力発電所等
②佐田岬に並ぶ伊方町の風力発電所（42基）
③伊豆熱川の南伊豆風力発電所（10基）

のようになっている。

　これらの場合、総じて事業者や関係自治体は、被害の訴えに対し適切な対応・対策を見せていない。その上、風車から発生する詳細な騒音計測すら実施していない。もし、風車の設置申請の段階で、詳しく、透明性の高い環境への影響について検討されていれば、低周波空気振動による被害発生も防げたであろう。

　今、被害の訴えに対し、聞こえる音に対する対応はしている模様であるが、低周波音被害に対する対応は手付かずの状況にある。被害を訴えている人達の住居の中には、定格出力1,000キロワットを超えるような大型風車の設置場所から数百メートルしか離れていない所に建っている家もある。この現実は、環境影響評価の在り方とその活かし方に大きな課題を投げかけている。

4）風力発電を死なせず育むために
　地球温暖化問題を背景に、ソフトエネルギーの利用拡大に、今や国も大きな関心を示し始めている。論より証拠、風力発電にも補助金を付けて、その普及・拡大を促す措置を講じている。しかし、関心の赴くところは現存の技術レベルにある風車のより多くの設置が主であって、より環境に負荷を掛けない風車の技術開発には力が注がれていない。加えて風車設置に関わる法的規制やその順守の在り方も総じて甘く、その対応も業者寄りであるため、これが風車の設置に対する反対運動のきっかけになっている。

　そもそも、風車発電機器そのものに機械的可動部が必然的に存在しなければならないことは自明の理であって、当然、騒音、響き、時には振動などの公害を惹き起す。これらの現象による被害を最小限に抑える有効な策としては、既に述べたように

第7章　ソフトエネルギーの利用に向けて

①風車と居住者との距離を被害が及ばない程度に十分保つ。
②公害につながるような現象をできるだけ小さく抑えるよう、今後も技術開発を積極的に進め、必要なら公的援助も行って技術のレベルアップを図る。

　もし、こうした配慮が十分にされていれば、住民の設置に対する反対の動きも起こらなかったであろう。それでは設置に関する実態はどうなっているのか、その一端を物語る記述[9]があるので、それを引用しつつ掻い摘んで紹介し、まず現実を把握しておきたい。

　伊豆熱川に設置されている欧州製の10基の風力発電設備は、2008年、2009年のたった2年の間でさえ、次々と、強風で羽が折れたり落雷の事故で停止、現地で修理がなされている。2008年のその修理報告では、ひび割れ、接着不良、接合不良等不良点は合計で131箇所、その後、「新品同様の強度が得られた」として、国の原子力安全保安院から再試験運転の許可を得て再び稼働に入った。しかし、再び2009年5月28日の強風で8号風車の羽が破損、破片があたり一面に飛び散った模様で、その距離たるや350メートルにも及んだという。
　他方、周辺住民にとっては、風車の停止で体調が元に戻って元気になった。このことは、風車の騒音や低周波音被害の存在を証明していよう。集団で被害の声を挙げている住民は、この機会を利用して、停止の状態での騒音や低周波音を測定し、次に稼働した時のものと比較すれば実態が明白になるとして測定の実施を要求しているが、町当局は「独自の調査はしない」と拒んでいる。
　そもそも、町は、風車の建設に関し、住民への説明を全くすることなしに同意、事故後も「観光資源になる」と豪語している。町道の上に風車の羽がかかることを指摘されると、町道を迂回させてしまう始末、住民の味

167

方といいながら、住民の被害を認めず、救済など全くしようとはしていない。騒音についての業者の申請書では年間平均風速は秒速6メートルとし、騒音の被害範囲は200メートルまで、低周波音のそれは20メートルまでで、したがって現況は安全で問題はないとしている。

　ところで、秒速6メートルの下でのハブの騒音値は、測定では高いところで96.6デシベルのようであるが、秒速9メートル以上では104デシベルとなっている。当然、NEDOのマニュアルでも最も騒音が高くなる時を対象に予測するように指導しているが、無風の時の状態を含む平均風速を対象に持ってきて評価、年間毎秒6メートル以上の風が吹く日が140日程もあるのに実態をごまかしている。しかも、このような単純な偽りを国（資源エネルギー庁、環境省）、県そして町は見抜けず、事業申請を許可している。加えてその後に生じた被害を指摘しても「問題なし」として、一向に是正、指導しようとしていない。また、2009年度から補助金申請の方法も変わり、受け付け窓口が資源・エネルギー庁から一般社団法人「新エネルギー導入促進協議会」へ、さらにこれまで要件としていた「地元調整」もなくても良くなっている。(10)要は、事業者が風力発電を喰いものに補助金でより儲かる仕組みをつくると共に、住民の権利や存在をさらに蔑にしている。

　ここで紹介した状況は、南伊豆の風力発電所にちなんだものであるが、渥美半島の場合にしろ、佐田岬の場合にしろ、住民の被害で問題が起こっているところは、大同小異、状況は類似している。このようないざこざが生じる主因は、「まず建設ありき」が優先されて、環境影響評価等は二の次、三の次、住民は蚊帳の外に置かれたような状況にあることであろう。都市部でのマンション等大型建造物が建つ際の周辺住民とのいざこざと共通した面を、ここでも多々見ることができる。

　その結果、本来ならば地域に恩恵をもたらすはずの風車は、被害をまともに受けるようになってしまった人達にとっては、迷惑施設に他ならない。こ

れでは、風力発電の健全な普及・拡大など図れるはずもない。こうした原因を醸し出している面を、伊豆熱川での風力発電の設置状況を参考に、具体的に検証してみれば次のようになろう。

　まず、住民から騒音や低周波音による被害の訴えがあるにも拘わらず、町当局はこの件に関し、調査しようとさえしていない。調査しなければ、解決の糸口さえ摑めない。また、風車を観光資源として捉えているところも問題である。確かに、最初は珍しさもあって観光資源にもなり得るが、全国で数も増えてくればその限りではなくなる。しかも、機械的な人工構造物は、いくら見ていても癒しの効果もほとんどなく、そのうちに飽きられる。

　加えて、最大の問題は業者の申請書で、音に関し、年間平均風速秒速6メートルについての記述で、結果的に設置許可を下してしまっている点であろう。風がほとんどない日も存在するという現実は、当然、平均風速以上の風が吹く日もあることを意味している。騒音の問題はこうした時により顕著になるので、評価の対象は常識的に見て強風の時でなければならない。また、可聴音が届く距離より低周波空気振動が届く距離のほうが短いとする業者の申請を鵜呑みにしている。鐘の音は一里、響きは二里といわれるが、ここにはその常識が働いていない。こうした常識の欠落からくるチェックミスを、国や県の段階でも犯している。

　最後にどうしても指摘しておかなければならない点は、風車設置に関し「地元調整」はなくても良いとしたことであろう。こんな制度で、住民の希望や要求をどこで吸い上げようとしているのか。主権在民、法治国家の体をなしていないのではないか。

　以上、設置認可に関わるいくつかの問題点を指摘したが、こんな状況を続けていけば確実に風力発電に対する世間の見方は悪化し、その信頼性も失われていこう。その原因を作っているのは風車ではなく、他でもない儲けを優先し、人の迷惑や苦しみをあまり顧みようとしない事業者らの体質である。

　ここにはかつて、太陽熱温水器で経験した時と同じ空気が漂っている。こうした空気の醸成に手を貸している行政の在り方も、大いに問題があろう。

普通で考えれば、環境にやさしいことを標榜するソフトエネルギーならば、環境面で問題を惹き起すことはどう見ても好ましくない。

　現況からの筆者の判断では、風車の設置に関し、風車は人家から200メートルなどというものではなく、すくなくとも数キロメートル、理想的には10キロメートル以上の距離をおいて設置されるのが望ましかろう。そうすれば、家屋に防音処置を講ずる必要もなくなる。風車の音に対する対策が技術的に進めば、その分、規制を緩和すればいい。

　いくどもいうように、風車にしても人間のために存在するのであって、経済や儲けのために存在するのではない。その辺のところを正しく理解しておくことが肝要である。

（注1）既に述べた如く、日本では1日、1平方メートル当り約3.84キロワット時（kWh）、つまり $3.84 \times 3600 \fallingdotseq 13,800$ キロジュール（kJ）の太陽熱を手にすることができる。従って1年ではこれの365倍であるので、次のようになる。
　　　　$13,800 \times 365 \fallingdotseq 5,037,000\text{kJ} \fallingdotseq 500万\text{kJ}$

（注2）石油の発熱量を1リットル（l）当り42,000kJとすれば、500万kJの50%に当る250万kJに対する石油の量は $2,500,000 (\text{kJ}) \div 42,000 (\text{kJ}/l) \fallingdotseq 59.5 \sim 60l$ 。

（注3）太陽熱利用機器1台当りの受光面積をソーラーシステムも含めた平均で6㎡と見積れば、1,128万台分の受光面積は6,768万㎡となる。他方、1㎡の受光面積で年間60l相当の石油を手にできるので $6,768万㎡ \times 60 (l/㎡) \fallingdotseq 406,000万l = 406万\text{k}l$ となる。

（注4）全国の住宅総数約5千万戸、1住宅当りの敷地面積を275㎡とすると敷地面積は $5千万戸 \times 275㎡／戸 \fallingdotseq 137.5億㎡$ となる。
　　　　従ってその15%は約20.6億㎡となる。
　　　　一方、日射量は3.84kWh／㎡日であり、この6%が電力に変換されるので1年間で得られる電気量Eは

$$E = 3.84 \frac{\mathrm{kWh}}{\mathrm{m}^2 日} \times 0.06 \times 20.6 億\mathrm{m}^2 \times 365 日 ≒ 1,730 億\mathrm{kWh}$$

（注5）騒音として問題になるのは、音の大きさの他に音の周波数がある。可聴音は20ヘルツから20キロヘルツとされているが、一般の騒音では50ヘルツから5キロヘルツの範囲が生活上大きな妨害になるといわれている。

ところで、無限に広い空間に音源の出力W（単位：ワット）の点音源があるとき、そこからr（単位：メートル）離れた位置で受ける音響エネルギー密度E（単位；ジュール／立方メートル）は、Cを音速（単位：メートル／秒）として

$$E = \frac{W}{4\pi r^2 C}$$

で与えられる。[11] このことから距離の二乗に反比例してEは小さくなっていくことが分かる。また、音は大気中を伝搬する時、空気にエネルギーを与えるために減衰する。例えば、強さI_0の平面波が距離xだけ伝搬するとそのときの強さIはmを減衰係数として、

$$I = I_0 e^{-mx}$$

となり、指数関数的に減衰していく。

いずれにしろ、こうしたことから、騒音の被害を小さくするには、音源から十分な距離をおくことが肝要といえる。

他方、低周波音は騒音に較べ距離による減衰は小さいといわれている。風車が稼働している際に発せられている騒音には、2ヘルツとか3.15ヘルツ等と低周波の聞こえない成分も存在していて[12]、これが周辺住民の体調に大きな影響をもたらしていると見られている。

参考資料

（1）朝日新聞記事（2009年4月1日付）頁2
（2）欧州再生可能エネルギー評議会編：エネルギー〔r〕eボリューション（持続可能な世界エネルギーアウトルック）、NPO法人グリーンピースジャパン（2008年1月）頁60
（3）（財）ソーラーシステム振興協会編；2008ソーラーシステム・データブック（2008年9月）頁27
（4）フォーラム・平和・人権・環境編；2050年自然エネルギー100%、時潮社（2005年10月）頁146

（5）同上、頁139
（6）同上、頁171、もしくは坂井正康；バイオが拓く21世紀エネルギー、森北出版（1998年）
（7）日本経済新聞記事（2008年月3月30日付）
（8）汐見文隆編著；低周波音被害の恐怖、(株)アットワークス（2005年9月）頁107
（9）藤井広明；風力発電は欠陥システム、月刊むすぶNo.462、ロシナンテ社（2009年7月）頁36
（10）同上、頁38
（11）日本音響学会編；音響工学講座④「騒音・振動（上）」コロナ社（2001年6月）頁4、130、139
（12）文献（8）の頁103

第8章　成長から持続への試みと課題

1．緑の保全・活性化

　大量のCO_2を吸収している原生林の保護は、危惧される気候変動を抑制する上での最優先課題で、これがなくして持続性はありえない。今なお残っている大規模な原生林は、ブラジルのアマゾンをはじめとしてコンゴやインドネシアなど数ヶ国にまたがって存在しているが、不運にもアマゾンの原生林で、とくに違法かつ急速な伐採や焼き払いが進んで、近年では18秒間に1ヘクタールの割合で原生林が失われている。このところの世界のCO_2排出量は2006年の時点で年間280億トン、それに対して年間800〜1,200億トンものCO_2を吸収して戻しているアマゾンの原生林が破壊されれば、気候の変化に対するその影響の程には図り知れないものがある。

　かかる違法行為によって切り開かれた土地の80％程は、牧場として大量の牛が放たれ、そこから安価な牛肉、牛革、グリセリンなどの牛由来の原料や材料が生み出され、多くのところで広く利用されている。例えば、靴、自動車、鉄道、スーパーマーケット、ファッション、美容衛生といった分野の世界的なトップブランド品にも、アマゾン由来のものが大量に使われている。加えて、アマゾン地域の屠殺場で作られた製品は、数千キロメートルも離れた別の工場で加工処理された後に輸出され、多くの場合、輸出先の国でもさらに加工が施され生まれた商品は同国内市場で流通するため、その時点ではそれらの品物の出所がほとんど分らなくなっている。いうなれば資金洗浄のような過程を経て、アマゾン破壊の上に成り立つ牛製品が、世界中で消費されるという状況である。

　こうした背景もあって、牛産業や政府・公的機関も、結果的には直接・間接を問わず、こうした違法行為に手を貸してしまっていた。しかし、この実体が、世界を股に掛けて活動する某環境保護団体の過去3年間に亘る調査で

明らかとなり、その程が公表された。また、ブラジル政府が、世界最大の牛革輸出企業ベルチン、世界で1位と4位の牛肉輸出業者JBSとMarfrigなど主要牛産業企業と提携、かつ各社の株式と交換で総額2,650億円もの資金を拠出していることは、結果的にアマゾン破壊行為に荷担することとなり、同政府のアマゾン保護の取り組みを自ら台なしにしているとの問題点も明らかにされた。

　喜ばしいことに、この公表の成果は、アマゾンの原生林伐採を抑制する方向で、その反応が即座に現れ始めた。公表の翌日には、ブラジルの環境相は、現在アマゾンを破壊している主要因に牛牧場の拡大があることを認め、精肉業者や大規模牧場への公的資金の投入を禁止する意向を示したとされている。またブラジル・パラ州は、ベルチン社の屠殺場など牛製品関連企業10社に対し、違法なアマゾン開発による環境被害を理由に、1,000億円規模の賠償訴訟を起した。また、公表から約2週間後の2009年6月12日には、世界的なスーパーマーケット企業であるウォルマートやカルフールなどは、違法な開拓地で生産された牛肉の取り扱いを禁止する処置を講じている。世界銀行グループの国際金融公社は、融資する資金がアマゾンで大規模な牧場拡大に充てられるとの理由で、ベルチンに対する約90億円の融資を撤回している。同じく22日には、牛肉輸出業者のMarfrigは、アマゾン新規開拓地で生育された牛の購入を停止した。7月の後半に入って牛革を大量に扱っている企業ナイキは、牛の牧畜を目的としたアマゾン開拓が停止されるまで、同地域で生産された牛革の購入は控える旨の意向を示し、ティンバーランド社も、この対応に同調する動きを見せている。

　以上、ブラジル政府をはじめ公的機関や企業は、ベルチンのようなブラジル牛産業関連企業のこれ以上のアマゾンの破壊行為を抑止するため適切な対応を見せている。この動きは当然、将来に一縷の望みを抱かせるものであるが、もし、アマゾン原生林の破壊という不都合な実体とその主要因が暴かれなければ、こうした動きは生まれなかったであろう。その点からも、この度の実態の調査・究明も、持続性を図る上で価値ある行動と高く評価できるも

第8章　成長から持続への試みと課題

図8－1　手入れされていない杉林

のである。

　国内でも、緑の維持・活性化に向けての動きが見え始めている。その1つが、岡山県西粟倉村が試みている「百年の森林事業」である。
　周知のように、日本で使われる木材の7割は、東南アジアやロシアなどからの輸入材で、国内の木材はたったの3割程度に止まっている。手近にあるものが使われず、遠くから運ばれてきた木材を使うという、理屈で考えればおかしい珍事が起る背景には、外国産の木材がコスト的に安いという経済的な問題がある。しかしその結果は、環境への影響を配慮しない暴力的な伐採で東南アジアの熱帯雨林を含む国外の原生林の破壊に手を貸し、国内では木材の需要の低迷で多くの森林は放置されて荒れ放題、その結果は山肌は荒れて表土が露出、土石流や山崩れを起す引き金を引いている。こうした災害に

よってもたらされる損害やその修復費用を考えれば、環境や安全に対する費用を度外視されている現今の経済性評価のあり方は、早急に改められなければならない。そうした状態下で注目される動きが、他でもない、先の西粟倉村の森林・林業再生事業である。ここでは4つの重点施策が掲げられている。

その1つが、森林組合と村が連携して間伐等の事業を実施しようとするもので、森林の所有者は村に森林の管理委託をする。こうすることで、人手不足や高齢化で間伐作業が難しくなっている、民有の森林の間伐も実施されるようになる。間伐の費用は「特定間伐促進法」に基づく補助金と村の負担金で賄い、素材の売上から経費を差し引いた金額、すなわち純収益はその半分は森林所有者に、残りは村が受け取る。

次なる施策は、適切に管理された森林で得られた木材であることを第三者機関で審査してもらい、質の良さを認証してもらうことで、木材の価値を上げて販売する策である。この認証には、国際的なFSC制度(注1)を活用して、現在の認証の対象になっている森林の範囲を、今後のFSC認証木材の需要増加を見込んで、村有林から全村の森林に拡大させるという。そして、個々の森林所有者は、FSC認証グループのメンバーとして参画し、FSC認証木材の安定供給を図るとともに、村ぐるみで計画的な森林管理体制を確立したいとしている。

第3番目の施策は、森林の所有者に2つの選択肢を提示してどちらかを選んでもらい、結果的に村内から未整備の森林をなくそうとする策である。その1つの選択肢は、10年間森林管理を村に委託してもらって、集団間伐やFSC認証に参加してもらうというものである。もう1つの選択肢は、売却により森林の所有権を村に移そうというものである。いずれにしろどちらの選択肢も、立木を処分せずに森林を現金化できるといわれている。

最後の施策は、村有林からの木材を用いたモデルハウスを建設、モデルハウスでの宿泊を組み込んだ体験型ツアーを公社との連携で積極的に進め、施主の発掘に力を注ごうというものである。目標としては、「西粟倉の木の家」を商品化することで村内の製材業や建築業の仕事を増やし、木材関連産業の

第8章　成長から持続への試みと課題

ブナが茂る原生林　　　　　管理が行き届いている人工林

図8-2　健全な緑の姿

活性化を図りたいとしている。

　このほか、同村では定住促進のための空き家活用事業なるものも手掛けており、注目されている。この事業の趣旨は、田舎暮らしを希望する人達が安心して暮らせるよう住居を提供して、若者の定住を図ることである。この目的を達成するため、村は一定期間空き家を借り受け、必要な改修を行って、空き家を有効に活用することにしている。もし、こうして移り住んでくれた若い人達が森林を甦らせる仕事に従事することになれば、事業の能率が向上するばかりか、技術の継承も行われる。この村では、廃校になった小学校を「西粟倉村・森の学校」として活用する計画で、その準備が進められている。この学校では「森と木と暮らしのつながり」を学ばせると同時に、森づくり、家づくりなども教えるということであるので、必ずや、森づくりを推進する上での中心的な存在になるものと期待される。

　2009年8月発足した新政権のマニフェストには、「森林管理・環境保全直接支払制度」の導入を謳っている。この制度は、間伐等の森林整備を実施するために必要な費用を森林の所有者に交付するもので、林業の再生・活性化に大きく寄与する制度であるし、雇用の場が再び提供されることも期待でき

る。森林を甦らせることは、その分健全な生態系も甦り、種々の自然の恵みもより豊かとなる。その上、人工林のみならず雑木林等自然林に対しても、適度に人の手が加わることで、地面そのものの保水能力が増大し緑のダム効果にも大きな期待が持てるようになる。

　この観点に立って、横浜市は、水の安定供給を目的に水道料金収入の一部を同市の水源地に当る山梨県道志村の山林整備費用に割り振っているが、これなどは緑のダム効果への期待を示す好例といえる。もし、こうした類の制度が一般化すれば、森林事業も含む緑の健全な保全・活性化に向けられる費用もより潤沢になろう。深刻な水不足が懸念される時代、緑の活性化はこれと深く関わっている。

2. 公共交通／モーダルシフト

　ドイツ・フライブルグ市のパーク・アンド・ライド方式は、今では良く知られるところとなっているが、この方式を一口でいえば「市街部への自動車の乗り入れを制限する代わりに、郊外に無料の駐車場を設け、そこからは市電などの公共交通機関を利用させようとするシステム」である。これと連動させる形で考えられたものが、地域環境定期券システムで、公共交通運賃を安くして、自動車よりも乗りやすくすることを目的としている。この定期券の使用可能範囲は、当該市街とその周辺を含む2,200平方キロメートルの地域で、その地域内の公共交通機関の全営業キロ数は、約3,400キロメートルにもなる。定期券の有効期間は1ヶ月で、その間、圏内は乗り放題、定期券代は大人で日本円に換算して約5千円程で、しかも、他人に貸与して使うことも許されている。その上、日曜日や祭日には、この定期券で子供も含む4人まで一緒に乗れる特典まで付いている。このフライブルグの交通システムは、かなり前から行われており、このシステムの導入目的は、市街地での自動車の利用を減らすことにあった。

　これに劣らず高く評価できる都市再生プロジェクトに、アメリカ、オレゴ

ン州の最大の都市、ポートランドの取り組みがある[(2)]。評価の対象は、都市再生と成長管理で人と環境に負荷の少ない都市づくりを目指したところである。

　1970年代、同市では郊外の開発で人口の流出が進み、中心市街地の商店街は疲弊、生活環境も悪化していた。市長と州知事は、市民と協力して中心市街地の再生計画を策定、その後、歩行者中心の街づくりと公共交通機関の利用促進が積極的に進められた。その中でも最も象徴的な取り組みの1つが、市街地の中心に位置していたショッピング街の駐車場を、歩行者の広場として再生させたことである。パイオニア・コートハウス・スクエアと呼ばれているこの広場は、歴史的な象徴になっている旧裁判所の建物の前に広がっていて、広く開放された広場中央部分には、滝、彫刻、仏塔、旗などの楽しい演出もある。そのために、そこは屋外パフォーマンスや露店で常に賑わい、周囲の喫茶店、本屋、ギャラリーなどは、散策にさらなる魅力を付け加えている。しかも、今ではこの広場は周辺商業地域と一体化し、中世ヨーロッパ都市の中央市民広場的な雰囲気を漂わせて、市民に愛される場所になっているという。

　もう1つの象徴的な取り組みは、ウィラット川に沿って敷設されていた高速道路を廃止し、歩行者と自転車のための公園として再生させたところといわれている。この公園は、中心市街地の住民にとっての日常の休息・レクリエーションの場となって親しまれており、定期フェスティバルの際には、近郊から100万人以上の人達が集う場所にもなっている。

　こうしたオープンスペースの整備とともに進められた施策が、公共交通の利用促進である。1978年にかの広場を挟んで南北に走っていた2本の大通りが、トランジェットモールとして整備され、一般の自動車の進入は禁止、その代わりにバスの停留所が集中的に設けられた。歩道は7メートル程に拡幅され、植栽やオブジェが設けられた。モールの整備でバスの利便性は格段に向上した上、周辺の商店街の売り上げも伸びたという。

　市のもう1つの新しい象徴的な存在になっている公共交通機関が、2両編成の路面電車である。路線は都心から東のグレシャム市までの24キロメート

図8−3　ポートランドのLRT[3]

ルと西にのびるヒルスボロ市までの28キロメートルであるが、特に注目されるところは、公共交通の利用を促すために中心市街地内の12ブロックでの運賃を無料にしている政策である。北米では路面電車のある都市に、ロサンゼルス、サンフランシスコ、サクラメント、フィラデルフィアなどいくつかの都市が見られるが、乗車料金を無料にしているところは珍しい。この結果、中心市街地への公共交通による通勤者は40％以上も増加し、交通渋滞は緩和されている。

　現在アメリカでは、公共交通を中心に街づくりをすることに関心が集っており、このようにコンパクトに開発された拠点を公共交通でネットワーク化すれば、自動車の利用を減らせる上に、農地や緑地も保全されて、人にも優しく環境負荷も少ない街づくりができるとしている。実際、1994年に策定されたポートランド大都市圏の長期構想「地域2040成長構想」によると、都市成長の85％は駅から徒歩5分以内の地域で行われるよう定められている。

　都市の成長・拡大を公が管理・制約せずに、野放図にさせたのではスプロ

ール現象が多発し、豊かな農地や自然は守られないし、持続的な都市などには決してならない。その点では、ポートランド市と周辺の23の市からなるポートランド大都市圏では「メトロ」と呼ばれている地域の政府があって、メトロが厳しい成長管理政策を実施、その中でも最も重要な任務は、都市成長境界（UGB：Urban Growth Boundary）による線引きといわれている。UGBとは都市化すべき地域と農村地域とを区分する境界線を意味し、URBの外側は非都市地域として保全され、上下水道など都市サービスの供給は皆無、基本的に開発することは許されない地域である。いうなればUGBは、コンパクトな都市の開発、効率的な社会基盤の整備、環境の変化に繊細な土地や自然、それに農業の保全を狙っているものにほかならない。

　人の移動は、自家用車から公共交通機関へとシフトしていく風潮の中で、物流についてもトラックから鉄道貨物輸送へと向わざるを得ない状況になりつつある。我々の生活や産業を支えている貨物輸送、CO_2等温室効果ガスの大量排出による環境への影響が心配される中にあって、地球への負荷の少ない物流へ、というところである。この物流分野で話題になっているのがモーダルシフト、いわゆる輸送手段の転換である。自動車や航空機が担う貨物輸送を鉄道や船舶に転換し、環境負荷やエネルギー消費量を低減させる課題は、世界的な課題でもある。

　現に、モーダルシフトの取り組みは、海外でも進んでいる。環境問題を重視している欧州各国では、近年トラック輸送から鉄道輸送への転換を政策的に誘導する動きが目立つようになっている。その一例がフランスで行われている7.5トン以上のトラックの日曜・祝日での通行禁止処置であり、鉄道輸送とトラック直送の料金差分の補助政策である。ドイツでは、鉄道と複合輸送するトラックには車両税を免除しているし、大型トラックに対しては高速道路料金の有料化を計画している。スイスでも、平日の夜間にはトラックの通行を規制しているし、アルプスを横断する貨物輸送を鉄道に限定している。

　さて、日本の場合の輸送機関別貨物輸送量の内訳を2007年度で見ると、総

輸送量5,822億トンキロ(注2)に対して、貨物自動車がその60.9％に当る3,546億トンキロを担っている。それに対して、鉄道はたったの4％、内航海運は34.9％である。しかし本書の中でも既に明らかにしているように、荷物を運ぶのに費やされるエネルギーは、貨物自動車は鉄道の約13.5倍である。また、輸送量あたりのCO_2排出量を見ても、環境省の試算で、営業用トラックは鉄道の7倍、船舶の4倍となっている。日本は世界に向けて、温室効果ガスの排出量を2020年までに1990年比で25％削減するとの公約をした以上、CO_2国内排出量の2割を占める運輸部門の対策も急がれるところである。

　幸い、日本は島国ならではの利があり、内航海運はなお貨物輸送量の約35％を担い、原材料に限れば8割を運んでいるという、世界屈指の内航海運国である。しかし、事業者のほとんどが中小企業、船も船員も高齢化して、人や資金面で大きな悩みを抱えている。国は、零細業者のグループ化による経営基盤の強化や環境性能が高い電気推進船等の導入支援などの施策を行っているが、反面、高速道路料金の値下げや無料化はモーダルシフト推進を妨げる可能性を高くしている。特に、500キロメートル以上の長距離・大量輸送を得意としている鉄道や海運の特性を抹殺することにもなり兼ねない。

　現在、日本の鉄道貨物輸送の90％以上を担っているのはＪＲ貨物で、北海道産の野菜の半分を各地に向けて運んでいる。しかし、ＪＲ貨物はＪＲ旅客各社の線路を借りて列車を運行しているような状況がほとんどであるため、その経営には大きな制約が伴っている。そのため、もし国が従来と異なり、CO_2排出削減に対する国際公約を本気で履行する意があるならば、モーダルシフトも着実に遂行されなければならない。それには大規模な設備投資が必要で、予算を伴う有効な対策が講じられなければならない。環境税導入の検討も避けられない。輸送効率やコスト面で鉄道や船舶による長距離輸送が優位に立てるよう、財政、税制、交通政策などの面から、総合的な支援策を講じる必要がある。

3．エコタウン／ソーラーヴィレッジ

　近年、欧州を中心にソーラータウンなるものが、見られるようになっている。今でこそソーラータウンは、ドイツやオランダなどで多く見られるようになっているが、そのさきがけともいえる「ソーラーハウス村」がアメリカ、カリフォルニア州の州都、サクラメントの近くのデービス村に、かなり以前から存在している。

　ここには種々の工夫を凝らしたソーラーハウスが建ち並んでいるが、これらの設計者の書(4)によれば、設計に際して配慮した事柄は

①自然エネルギーを利用することで、電力や石油などの消費が少なからず軽減されること。
②ソーラーハウスにすることで、高くなる建設費を極力抑えること。
③太陽エネルギーをより多く利用しようとするあまり、家の形が犠牲になったり、不格好な形にならないようにすること。
④従来の家屋と同じように、住み心地が良く、かつ魅力的であること。
⑤合理的な価格で、どこにでも建てられる融通性があること。

等で、以上が「ソーラーハウス」を設計する上での彼らが採用した1つの目安である。無論、今でもソーラーハウスが具備すべき規準や要件がしっかりと規定されているわけでないので、これで十分か否かの判断には不透明なところも残っている。しかし太陽エネルギー（広くは自然エネルギー）を積極的に採り入れ、より多く利用したいとする試みがなされていればソーラーハウスといっても差し支えないとする考え方もあるのでさほど矛盾もなかろう。

　ところで、こうした考えで建てられた住居を、デービス村では次のような意図に基づいて配置されている。

①隣人同士、たがいに交流を密にして良く知り合える住環境にすること。

②地域社会共通のプロジェクトを協力し合って行うことで、住民同士の親睦が深められるようにすること。

　家屋の配置や村づくりに際して、こうした考えを持ち込んだ背景には、米国においても己が地域社会の一員として、その役割の一端を担っているとの認識が稀薄になっている状況があった。その点では、共同作業を行える場を提供することは、プロジェクト遂行上の費用の軽減が図れるばかりか、自分の存在と役割を知り、かつお互いに知り合う上でも効果的といわれている。具体的な作業としては擁壁、橋、遊戯広場、プール施設、コミュニティセンターの建設・設置が行われている。村の構成にしても当然、この考え方が活かされるようになされたわけで、具体的には

　①家の周囲には、塀を設けない。
　②8家族を1つのブロックにするような構成にし、各ブロックには共有の緑地帯を設置して、その維持・管理は協同で行うようにする。
　③隣人同士の戸外の交流を密にするため、通路に面した場所には、各家庭占有の庭を設け、緑地帯にはサイクリングや散歩用の小路をつくる。
　④通行量が多いと住民同士の交流が疎遠になり詰まるところコミュニティは崩壊するため、袋小路を多くして通行量を減らす算段をする。
　⑤居住者の多くが地域外で働く状況は、コミュニティそのものの力を弱体化させるため、例えば、地域周辺に商業施設を設けたり、菜園地、それに地域住民が運営する病院、図書館、工場などの施設を地域内に設けて、そこで働ける機会を増やす。

などの配慮が払われている。こうした考えで出来上った村の土地利用状況は、表8-1で見られるように、農園や公共の広場にかなりの広さが振り分けられている。
　図8-4には、この村のあるブロックの構成が示されており、こうしたブ

第 8 章　成長から持続への試みと課題

表 8 − 1　土地利用配分比率（%）

利用項目	デービス村	標　準
裏　庭	12	22
庭	10	19
道路（駐車側線も含む）	14	18
家屋敷地	12	15
側　庭	4	11
ガレージ及び駐車場	5	5
歩道及び自転車道	8	5
車　道	3	5
農　園	17	0
公共広場	15	0

ロックを単位として図 8 − 5 のように 1 つの村が形成されている。

　このように、この村を構築するに際しては種々の考えや具体的な方策が盛り込まれたが、それでもこの村も含めてのデービスのエネルギー利用状況を見ると、使用されるエネルギーのうちほぼ半分は自動車等に費やされている。そのため、この村では、このエネルギーの使用削減に向けて、いくつかの試みがなされている。具体的には、近距離の移動については徒歩か自転車を用いるよう奨励している。その結果、この村では 3 万 3 千人の住民に対し、自転車の保有台数は 2 万 5 千台となっている。そのため人が集まりやすいところの近くには、広い駐輪場が設けられている。また、住居と勤務場所との距離を近くすることで自動車の利用を減らしている。

　次に、エネルギー消費量の大きいものが、冷暖房、給湯で、その内訳は暖房が 18%、冷房が 7 %、給湯が 5 % と、これらを合せるとエネルギー消費量の 3 割を占めることになる。この点については、この村のエネルギー利用量の削減は、最も成功を収めたものの 1 つであるといわれている。この件でなされた配慮は道路をどういう方向につけるか、敷地の方向をどう取るか、太

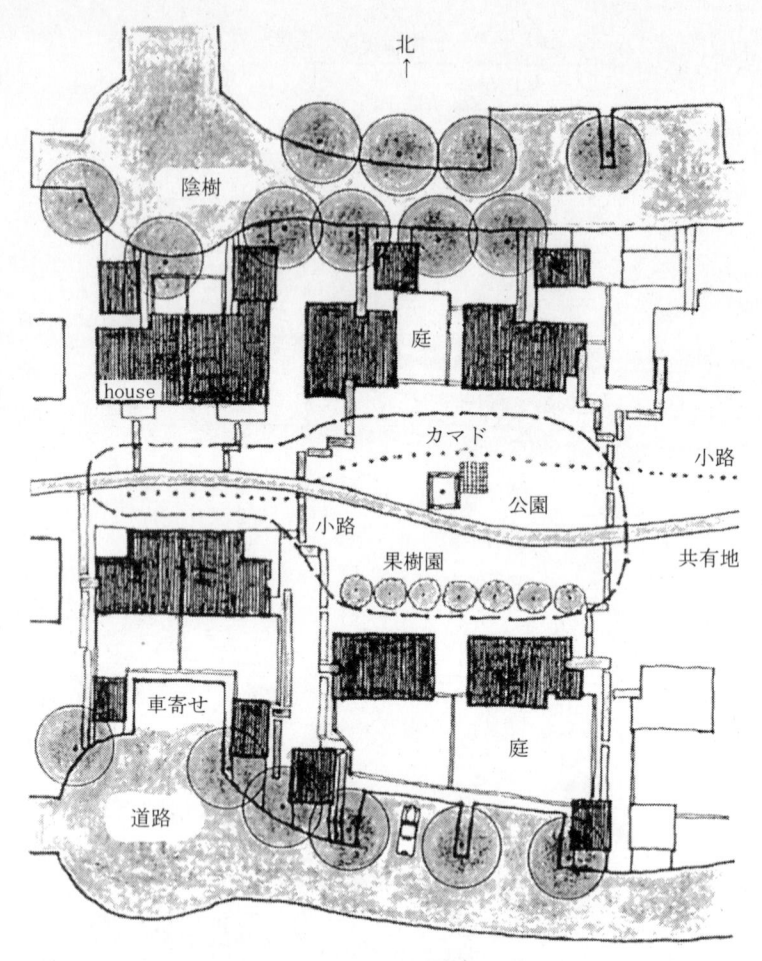

図8－4　ブロックの構成例[4]

陽の動きは、それに景観はどうか等で、結果的には、図8－5で見られるように、各家屋は全て南向きになっている。しかも、太陽エネルギーをより多く活用するために、各家庭では色々な工夫が凝らされているが、他方で、各家庭に給湯するための太陽熱温水システムも、村内に設けられている。

　図8－8の家屋は、この村に建つソーラーハウスの一例を写しているが、全体的に見て、ここでいえることは、ごく自然に太陽エネルギーが利用され

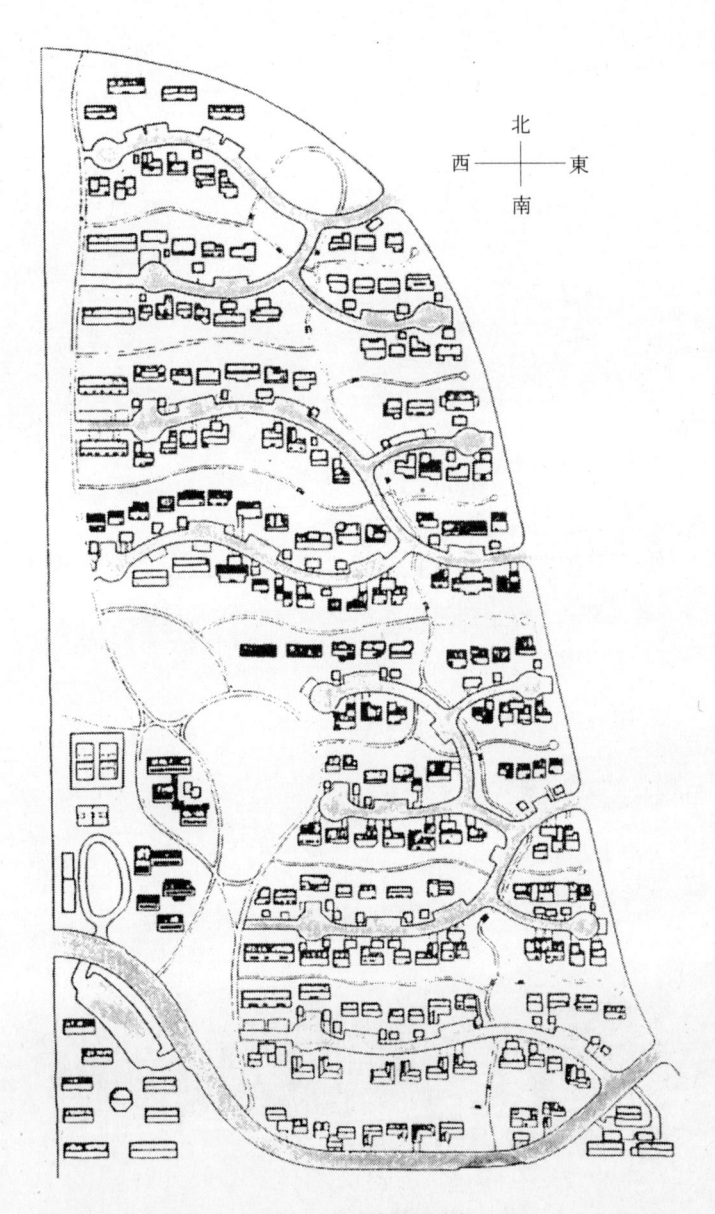

第8章　成長から持続への試みと課題

図8-5　村の形態 [4]

図8-6　村役場の近くに設けられている駐輪場

図8-7　地域給湯用太陽熱温水システム

第 8 章　成長から持続への試みと課題

図8-8　村内に建つソーラーハウスの一例

ていることである。既に述べたように、全ての家は、東西に走る道路に沿っ
て、南向きに建てられている。その結果、冷・暖房に費やされるエネルギー
量は、必然的に20～50％削減できるといわれている。また、ほぼ全体に亘っ
て日陰になる幅の狭い道路は、日の当る面が多い広い道路の場合に較べ、夏
期の冷房に費やされるエネルギーの削減にかなりの効果を持つことから、樹
木など常緑樹や落葉樹を適宜に選びつつ、家屋の周りに植え込まれている。
テラスの屋根部に当る部分に枠組みをし、そこにブドウの蔓などを這わせて
日陰をつくって夏場の冷房負荷を下げる方法、テラスを温室に変え、冬場は
温室内の暖気を換気扇で室内に送って暖房負荷を下げる方法、シャッター付
きの天窓を設けて、冬場は日光を多く導き入れて、照明や暖房用のエネルギ
ー消費を減らす方法など、ここに建つ家々には省エネルギーに関係する種々
の工夫が凝らされている。
　いずれにしろ、ここで見られる家屋は、総じてパッシブを基本とした系が

図8-9　オランダ、ユトレヒト州ニューランドのエコタウンの全景[6]

多く持ち込まれており、設立の時期もかなり以前ということで、太陽熱が中心となったシステムになっている。

　しかし、最近のソーラーヴィレッジは、太陽熱の利用に加えて、太陽光発電システムもかなり積極的にとり入れられるようになっている。その好例の1つとして、まずニューランドのエコタウンを挙げることができる。ニューランドは6,000世帯程の小さな町で、オランダ、ユトレヒト州のアメルスフォールトの北に位置している。図8-9は、エコタウンの全景を写しているが、この街は太陽光発電の町として知られている。しかし、ここでは太陽エネルギーを、太陽電池は無論のこと、太陽熱もパッシブ的ならびにアクティブ的に活用、いうなれば総合的に取り入れている。

　ここには、一般の住宅のほか高齢者世帯向けの住宅や低所得者向けの住宅もあり、住宅の種類によって太陽光発電や太陽熱温水システムの使い分けが適宜に行われている。太陽熱の利用の仕方としては、住戸ごとの個別方式を

第8章　成長から持続への試みと課題

図8-10　オーストリア、リンツのソーラーシティの全景[7]

採っており、対象戸数は360戸、総集熱面積は800m²で、太陽熱の依存率は26％としている。また、パッシブ・ソーラーシステムの住宅では南面の開口は大きくブラインドを設ける設計になっており、北面のそれは断熱性を強化するなど、太陽熱を有効に活用する工夫が凝らされている。なお、インフォメーションセンターとなっているモデルハウスでは、地熱を利用するシステムも導入されており、そこではヒートポンプで汲み上げられた地熱と太陽熱と併用、室内暖房は床と壁に埋め込まれているパイプを通して熱媒を送り、床や壁を先ず加熱、そこからの放射暖房によっている。

　類似のエコタウンとして、オーストリア、リンツ市のソーラーシティも、注目される事例の一つである。この街はリンツの南東部の平坦な地に設けられている約60haの新興住宅団地で、1990年代の住宅不足を解消するために計画・設置されたものといわれている。計画の開始は1992年、1996年頃には商業施設、幼稚園、学校などのインフラ整備はほぼ完了、その後約1,300戸

の低層集合住宅も整い、2005年には約3,000人の人達が居住する街として、今ではヨーロッパでも注目されている。

　この街の開発は、街区ごとに異なる設計者が、各々の太陽エネルギー利用コンセプトを掲げて進められたが、年間のエネルギー消費量、44kWh／㎡以下という目標は達成されている。しかも住宅に設置されている集熱器は各街区の開発公社の所有で、その管理は当該公社で行われ、得られた熱エネルギーは各街区内で消費されている。給湯に必要な年間のエネルギーの約半分は、このように太陽熱で賄われており、不足分は木質チップ燃焼による地域冷暖房システムからの供給によっている。また、太陽光を十分に利用できるようにするため、隣棟の間隔は広く、建物も2～4階建てと低層に限られている。そのため容積率も平均65％という低い値で、これも特徴の1つと位置付けられている。

（注1）FSC制度とは適切な森林管理が行われていることを第三者による審査により認証する国際的な制度。
（注2）「トンキロ」なる単位は、貨物の重さのトン数に輸送距離キロメートルを掛け合わせたもの。例えば10トンの貨物を10キロメートル運ぶと「100トンキロ」となる。

参考資料
　（1）グリーンピースレポート（Slaughtering the Amazon）
　（2）ホームページ/http://www.geocities.co.jp/natureland/5908/portland.html.
　（3）谷川一巳ほか、路面電車の基礎知識、カイロス出版（1999）頁182
　（4）D.Bainbridge et al；Village Homes 'Solar House Designs'、Rodale Press, Pennsylvania.
　（5）藤井石根；ソーラーハウスとはどのようなものか、太陽エネルギーVol.15、No.4（1989）頁5～10

第 8 章　成長から持続への試みと課題

（6）新エネルギー・産業技術総合開発機構編；ソーラー建築デザインガイド〔太陽熱利用システム事例集〕(2001) 頁70
（7）新エネルギー・産業技術総合開発機構編；ソーラー建築デザインガイド〔太陽熱利用建築事例集〕(2007) 頁72

終　章　エコ・エコノミー社会のあるべき姿

　今の世の中、とりわけ先進国の社会は、エネルギーを潤沢に使うことで成り立っている。こうした生き方をさらに続けようとする流れは、今も決して衰えてはいないし、急速な経済成長を遂げつつある新興国も、同じ流れに乗っている。世界の大都市で競うように高い建物が増え続けているし、道路は車に占領されつつある。その結果、大気汚染は加速され、諸々の副次的な環境の問題も誘発されて、今やこれらの問題は国際的な舞台で話し合わざるを得ない状況になっている。しかも現実には各国の思惑と目先の国益に振り回されて、必ずしも話し合いはうまくいっていない。

　しかし、ここで一息入れて冷静に考えてみる必要があるのではないか。

　その1つは、こうした生き方が我々にとって幸福なのか否か、また、こうした生き方を続けることで、地球から収奪されている石油等エネルギー資源がいつまでもつか。枯渇した後をどうするのか、せっかく築いてきた遺産は無用の長物にならないのか等、考えなくてはならないことは少なくなかろう。

　次に問うべきことは、万物の共有物である健全な自然環境を劣化させ、場合によっては生存が危うくなる状況にまで事態を悪化させてしまう程の権利を誰が持ち合わせているのか、ということであろう。ここには後世の人たちに対する、人道的な問題も含まれている。

　さて、エコ・エコノミー社会の構築という考え方は、こうした問題提起に対する解答を背に、そこに反省の念も込めての1つの結論と見てとれる。これまでは、何事も経済性と経済成長が第1で、環境などは二の次、三の次で、経済の一要素でしかないという考え方であった。この「経済」と「環境」との立場を逆転させた考え方でできあがる社会が、エコ・エコノミー社会である。ここでは、何事にも環境が優先される。当然、生存できる環境は放っておいても時間が経てば自然が修復・提供してくれるとの考え方や行為が、こ

の社会では通用しない。環境の費用は求められるし、負わなければならない。この社会では、環境税の存在は当然のことになるし、その税収は健全な環境の維持・保全、また、より良い環境を作り出すために使われる。

　エネルギーについて論ずるならば、諸々の面で環境負荷をかけ続ける化石燃料や原子力発電などの利用など、あり得る話ではなくなる。しかも、その利用の仕方は、極力環境負荷の少ない方向でなければ、環境税の徴収で経済性は悪くなる。この観点からすれば、従来の大規模集中型のエネルギーシステムは、この社会にはそぐわない。あり得るシステムの形は小規模分散型で、この形は自然エネルギーを効率的に活用する上で好ましいし、エネルギーに対する地産地消を推進する上でも役立つ。地域的、時間的なエネルギーの需給バランスを保つためには、エネルギーの融通を容易かつ活発に行える手筈を整えておくことが大切である。その意味で、スマート・グリッド・システムを整えることは必須となる。同時に、継続的なエネルギーを供給できる水力や地熱、蓄エネルギー機能を持つバイオマスといったエネルギー資源は、エネルギー供給の平準化をはかる上で極めて重要な存在になってくる。

　安定的なバイオマスの供給や途切れることのない安定的な水の恵みを手にするには、森林を宝の山にすることがどうしても必要である。自然の生態系を尊重し、これに則して適度にして適切に人の手が入れば、健康な森林は維持されていく。これまでは、林業といえばその目的は自然林を伐採し、杉や檜を植えて建材を得ることに主眼が置かれていた。その結果、造林にしても植栽不適地にまで植林された例もあり、山の奥に自生するブナやミズナラなど、環境保全上明らかに役立っていると思われる林にまで、伐採して檜が植えられた。

　さらに木材価格の低迷で、その後、間伐もなく放りっぱなしにされた植林地は荒れ放題、倒木や枯死も発生して、一部では山肌から赤茶けた土が流出する、という事態になっている。これでは、持続的に水資源もバイオマスも手にできない。このままでは植木地帯は、自然災害の温床、かつ発生源にも

終　章　エコ・エコノミー社会のあるべき姿

なってしまう。もし、ここにスーパー林道の造成、造林事業、それに公共事業に費やしてきた費用に、環境税で徴収した税収の一部も加えて、森林を活き返らせる事業に使えば、洪水や崖崩れといった人的な被害も少なくなるというものである。加えて、渇水による水不足という災害も回避できる。山岳地帯を宝の山で覆うことは「緑のダム」を造ることを意味する。環境破壊を助長させ、手間のかかるさらなるダムを造る必要もなくなるし、給水制限という事態に遭うことも少なくなる。安定的な水道水の確保という意味からも水道料金の一部に「緑のダム」を確保するための費用を加える策も、あり得る話である。

　筆者がたびたび訪れる八ヶ岳の山麓、5月になれば、木々が一斉に芽吹き始め、日一日と緑を濃くしている。鳥の囀りも多くなり、すべてが命に溢れているといった感じになる。近くにある杉の大木の根元からこんこんと水が湧き出て、そこから幾筋もの流れをつくっている。真偽の程は定かではないが、地元の人の話によると90年かかって地上に出てきた八ヶ岳の浸透水だそうである。まさしく自然がつくり出した悠久の世界が、ここにもある。幸いにも、富士山の山麓にも、未だこうした世界が残されている。喜ばしい限りである。

　以前は、規模の差こそあれ、湧水や湧水池はちょっと足を伸ばせば容易に見ることができた世界であった。しかし、今では稀にしか見られない。人が、開発と称して葬り去った結果である。その存在の価値を理解していなかった結果でもある。エコ・エコノミーの社会では、その再生に向けての動きが出てこなければならない。もし、この努力が結実したとき、そこから得られるメリットには極めて大きなものがあろう。

　他方、国外でも、自然エネルギーに活路を見出そうとする動きを見せている。その兆候は欧州諸国で見られるエネルギー政策であり、アメリカのグリ

ン・ニューディール政策である。これらの政策では、自然エネルギーに軸足を移していくことで経済を活性化させ、雇用の場を増やそうとしている。またこの背景には、これまで頼りにしてきた化石燃料も、資源量の面では心許ない状況になってきたという理由もある。いずれ、これからの社会は、エネルギーは使いたい時に、使いたい所で、使いたいだけ使える、といった状況にはならなくなる。当然、賢く効率的にエネルギーを使うことが、随所で要求されてくる。自然エネルギーを使うといえども、限度があるし、独占することも許されないからである。だからといって、生活が必ずしも惨めたらしくなるわけでもないし、行動の場が狭まってしまうとも限らない。少ないエネルギー消費しか許されないならば、少ないなりに生活の在り方を改め、省エネルギー社会に相応しいインフラ整備を進めて行けばいいだけの話である。車で出掛けて交通渋滞にまき込まれ、時間とガソリンを浪費した上、おまけに大気汚染を加速させて、そのペナルティーまで払わされたら楽しいどころか、堪ったものでなかろう。

　石油と天然ガスなどのエネルギー価格は、今後上がることがあっても下がることはない。またCO_2排出権取引価格も、今後大幅に吊り上げられるとの見方もある。もし、エコ・エコノミー社会への変革にほとんど手を付けず、旧態然として同じような生活、同じような生産活動をするとき、活発に活動すればするほど、CO_2をより多く排出し、それに応じて稼ぎの多くをCO_2の排出権を買うために持っていかれてしまう。もし、こうした事態になったら、働いて稼ぐことの意義は全く失われてしまうのではないか。ここにも、エコ・エネルギー社会への速やかな移行の必要性と急ぐ理由が見出せる。

　エネルギー環境のこうした移り変わりから判断して、自動車の主役はハイブリッド車へ、そして電気自動車へと必然的に移行して行かざるを得ない。面積の広い駐車場の多くは、太陽光発電所に、かつ電気自動車の充電場所に変わる。そして、スマートグリッドの1要素としても、重要な役割を果たすことになる。それでも移動や物流手段の主役は、エネルギー効率の良い鉄道

終　章　エコ・エコノミー社会のあるべき姿

図9－1　鉄道ファンにも大人気の富山ライトレール

が担わざるを得ない。中小都市内とその郊外地域の移動は、路面電車と自転車が主役を演じることになる。電気自動車の活躍の場は、それらの足らざるところを穴埋めする程度となる。したがって自動車の利用範囲は、せいぜい中距離程度にとどまる可能性が高い。こうした状況を反映して、歩道や自転車専用レーンの整備などは、どうしても必要になってくる。その結果、街の様子も大きく変化することになる。

　点在する公園や市民農園をつなぐ緑豊かな並木の通りを、滑るように静かに、路面電車が走って行く。目的地近くになると、ある者は自転車を、ある者は車椅子を電車から降ろし、自動車にあまり気を取られることなく、ゆったりとした気分でサイクリングや散歩を楽しむ。ある者は緑の木陰のランニングで汗を流し、ベンチで休んで咽を潤す。農園の手入れに余念のなかった人達も一息ついて、作物の出来に微笑む。清らかな水をさらさらと流す川の岸には、草花が咲き乱れ、トンボや蝶が舞っている。水には魚が群れ、水鳥

は涼しげに水面に浮いてエサを啄む。散歩を楽しんでいた夫婦はベンチに腰掛け、その光景にやさしい眼差しを向ける。

「心の豊かさ」は、このような環境の中で醸成されていく。ここに余計なエネルギーや資源が使われていない分、それだけ自然や環境が豊かで、健全である。エネルギー低消費社会の豊かさの一面を、この情景から垣間見ることができる。

エコ・エコノミー社会で重要視されるものの中には「地産地消」の奨励とフードマイレージ値の引き下げがある。この目的を効果的に達成させるための良策は、農畜産物の生産地とその消費地とをできるだけ接近させることである。そうすれば、付加的にこれらの間で廃棄物も含む物質の移動も容易になり、循環型社会の構築も必然的に加速されることになる。

以上、エコ・エコノミー社会の予想される姿の一端を、垣間見てきた。今さらいうまでもなく、我々がこれから目指す社会は、エネルギーを有効利用する省エネルギー社会であり、環境負荷の少ない循環型の社会である。必要なことは、先見性、やる気そして実行力である。構築される新しい社会は、決して希望のないものではなかろう。さまざまな公害問題からも解放され、精神的にも豊かな生活が送れる社会かもしれない。

付章1　民主党の環境・エネルギー政策
〜その概観と評価〜

1．公にされた当該政策のあらまし

　マニフェストに掲げられているエネルギー・環境関連政策の根幹は「2020年までに温室効果ガスの排出量を1990年比で25％削減、2050年までには60％超を目標にする」というものである。これに対する具体的施策として

①温室効果ガス排出量枠に対する取引市場を創設する。
②地球温暖化対策税の導入を検討する。
③太陽電池、低公害車や電気自動車、省エネ家電などの導入を促すための助成等処置を講ずる。
④温暖化対策に寄与する新産業や新技術の育成に尽力し、エネルギーの安定供給を確立する。

等が謳われている。
　さて、まず上の項目の（1）についてより詳しい内容を見ると、次のようになっている。すなわち「ポスト京都」の温暖化ガス排出抑制についての国際的な枠組みに、米国、中国、インドなどの主要な排出国に参加を促す主導的な環境外交を展開する。加えてキャッチ＆トレード方式による実効のある国内排出量取引市場を創設する、としている。
　次の項目（2）の税の導入については、地方財政に配慮しつつ、特定の産業に過度の負担が強いられない制度設計をするとしている。
　第3番目の項目に関しては、家電製品等の供給・販売に際しては、CO_2排出に関わる情報を提供する等「CO_2の見える化」を推進、併せて太陽エネルギーや風力等再生可能エネルギーからの電力等は、固定価格で全量買い取る

類(たぐい)の制度を早急に導入したいとしている。こうして国民生活に根ざした温暖化抑制対策を推進することで国民の温暖化に対する意識も高められると記されている。

　第4番目についてはエネルギー分野での新たな技術開発や産業育成を進め、安定した雇用を創出するとしている。具体的にはIT、バイオ等の先端技術の開発や普及への支援、とりわけ地球温暖化抑制面で大きく寄与する省エネ面での優れた技術力をさらに高めるべく支援していくことで、環境関連産業をこれからの成長産業として位置づけたいとしている。当然、当該産業には効率的な電力網、すなわちスマートグリットの技術開発・普及、環境共生上、質の高い住宅の普及、世界をリードする燃料電池や超伝導、それにバイオマス利用等の環境技術の研究開発・実用化も含まれている。

　またエネルギーの安定供給の確立という面では、一次エネルギーの供給量に占める再生可能エネルギーの割合を2020年までに10％程度の水準までに引き上げ、かつ安全を第1に国民の理解と信頼をながら原子力発電の利用も着実に取り組むとなっている。

2．推察される50年後のエネルギー資源状況

　先の各章ですでに見てきたように地球に届く年間の太陽エネルギーの量（5,400兆GJ）を100としたとき、非再生エネルギー資源中で最も多いと見られている石炭の究極埋蔵量はエネルギー換算値で約5.74、確認埋蔵量を対象にすれば約0.48となる。石油ならばそれらの値は、各々0.38、0.12となる。環境に比較的負荷が小さいと見られる天然ガスならば、各々0.45および0.12となってしまう。ウランに対しては、0.12および0.04程となる。

　他方、現在の化石燃料の需要の状況は、増えこそすれ減る気配はない。減らした国も存在していない。特に、中国やインド等著しい経済成長を見せている国々の需要量の増加には、憂慮すべき状況が見えている。もし、こうした状況が今後もしばらく続くとした時、いつまで化石燃料に頼っていけるか、その辺をしっかりと見極めておくことは、政治・政策上はすこぶる重要であ

る。

　それでなくても、ちょっと前までは、石油や天然ガスの利用上の耐用年数は40〜50年程といわれていたが、このところの需要増の状況を勘案すれば、とうてい、50年後は難しかろう。埋蔵量そのものが流動的である上、状況が悪い方向で展開していく場合を想定すれば、もはや、これらの資源に頼れないと見ておく方が妥当といえよう。しかも、市場経済の世界では、価格の高騰でこれらの資源を庶民が使えなくなる時期は、枯渇する時期よりずーっと前にやって来よう。

　石炭については、石油や天然ガスに較べれば、枯渇の時期は理屈上はずーっと先の話であろうが、石油や天然ガスの枯渇の代替としてより多く使われるようになれば、話もかなり違ってくる。しかも、CO_2排出抑制につながる何らかの技術的な手段を講じない限り、同じ量のエネルギーを手にするにしても排出されるCO_2が相対的に多いだけに、環境保全面で大きな制約を受けることになる。ましてや、国際的な場で温暖化ガスの排出抑制が取沙汰されている状況下にあっては、物理的にも、理屈上からも、石炭の全面的な代替の選択肢はかなり難しい。

　残る選択肢として、日本も含む世界の少なからざる国々で、原子力発電になおも期待を寄せている。スリーマイル島での原発の事故後、原発の増設がほぼ止まっていたアメリカでさえ、今後は再度増やしていく気配を匂わせているし、中国やインド等の国々は、この件に関してはより積極的な動きを見せている。

　こうした動きをする表向きの理由に、原発は発電時に火力発電所のようにはCO_2を排出しないことを挙げている。しかし、この選択肢には、石炭に勝っても劣らない大きな問題が包含されている。

　その第1は、すでに見てきたように資源量の問題である。ウランは石油や天然ガスにも劣るような資源量で、これに未来を託すことは、物理的に見ても非現実的な話で、一時凌ぎの対応でしかありえない。

　次なる問題は、発電時にCO_2を排出しないというものの、他の多くの過程

で諸々資源やエネルギーを多量に要求し続けているという現実がある。試みに原発を巡る一連の流れを概観すれば、まず鉱山からのウラン鉱の掘出しからことが始まり、その後ウラン抽出・製錬、得られた天然ウランを濃縮・加工して、やっと原子炉に入れられる燃料棒ができあがる。この川上の過程でも、かなりのエネルギーや資源を要求、これに応じなければこの過程は実現できない。その上、燃やす炉にあたる原子炉を設置するにしても、この辺の話になんら変わる所はない。鉱山の残土、鉱滓、低レベル放射性廃棄物の処理にしても、一般の廃棄物処理のようには扱えず、より多くのエネルギー消費が要求される。

　話が若干横道にそれるが、以前、太陽電池パネルを造るのに費やされるエネルギーが多いとして話題にされ、同パネルが造り出す電力でそれを相殺、かつ余りがあるか否かが問われた時期があった。すなわち、費やされたエネルギーがパネル自身の発電で何年で回収できるか、というエネルギー・ペイバック・タイムの議論である。この件については、現今のパネル性能で日本の平均的天候下では、2〜3年位でほぼ回収可能との結論で決着が付いたが、さらなる技術の進歩でこの期間はますます短縮されていくことは間違いない。

　話を元に戻し、ここで付言しておかねばならないことは、エネルギー・ペイバックの検討を原子力発電についても課しておく必要があるということである。日に日に増え続けている使用済み核燃料や放射性廃棄物、これから次々と出てくる寿命を迎える原子炉、こうした厄介な負の遺産をどう扱い処置しようとしているのか、その実際の具体策もないままに、これへの対処に費やされるエネルギーや資源量を見積もることは不可能かもしれないが、この面、すなわち川下での過程でも多くの資源やエネルギーを要求されることを覚悟しておかなければならない。その分、原発のエネルギー・ペイバックの状況はさらに悪化することにつながる。

　経済性を重視するあまり、この辺の対応を蔑ろにし軽く扱えば、その結果は環境を放射能で汚染し、結果的には生存も危ぶまれる事態を招くことにもつながる。このように、原発に関わるこうした種々の難題に正面から向き合

うとき、原発に頼れる可能性も極めて小さくなることは明白であろう。

　なお、核燃料の資源量の問題については、使用済みの核燃料からプルトニウムを取り出し、これを活用すれば資源量は何倍にも増やせるとの主張もあるが、燃料再処理に関しては放射性物質による広範かつ深刻な自然環境の汚染を招くという現実がある。しかも、核燃料サイクルを現出する高速増殖炉の実用化の可能性もほとんど霧消といってもいい状況にある。

　現在、従来の原子炉でプルトニウムを混ぜ込んだ新しいタイプの核燃料を燃やすプルサーマルなる試みが始められたが、これがたとえ成功したとしても、燃料が2割程度増える程度のことで、反面このことを行なうことで、燃料再処理や廃棄物処理などの過程でさらに多量のエネルーを浪費し、自然界を放射能で広範かつ重度に汚染することになる。この点で、メリットとデメリットを天秤にかけ公正な立場でこの試みの遂行の意義を判断すれば、その結論は明白で、結果的には減らせるはずの手中のプルトニウムも、新たに生み出されてしまうプルトニウムで相殺されて、目論見はほとんど期待できないといわれている。

　こうしてみると、50年後のエネルギー資源に関しては化石燃料や原子力に期待できる余地はもはや残されていない。在るのは再生可能なエネルギー資源のみと予想される。その予兆は、見え始めている。このところ世界的な関心を集めているグリーン・ニューディール政策、こうした政策が表に出てくる背景には、これまで依存してきたエネルギー資源の枯渇への懸念とさらなる環境悪化の心配がある。

　しかも、従来は再生可能エネルギーの活用に対し後ろ向きの政策を進めてきたアメリカでさえ、オバマ政権になってからは風力や太陽光発電の導入に本腰を入れ始めた感がある。その流れは、お隣の韓国にもある。そういった空気に押されて日本でも、これまで再生可能エネルギーに対し、どちらかといえば後ろ向きの態度を見せていた産業界でさえ、事務所の屋上に太陽光発電パネルを設置、電力需要の一部をこれで補填する企業も現れ始めている。

　ここに参考に掲げる写真は、某電気会社の新規工場屋上に設置された太陽

写真提供：山洋電気㈱

図付1-1　某電気会社の新規工場屋上に設置されている太陽電池群

電池モジュール群を写している。これなどは、こうした動向を物語る好例の1つといえよう。この系の公称電池出力は150kW、アメダスによる当該地の日射量で計算した推定発電量は、年間198MWhで設備利用率は15.1%であるという。また、この事業所での全電力消費量は、年間約11,490MWh弱であるので、太陽光発電依存率は1.72%、推定節約電気料金は1kWh当り9.1円の電気料金下で年間約180万円と伝えられている。

地球温暖化抑制に対する寄与度の面では、年間原油換算で約40.2キロリットルの石油の消費抑制ということで、CO_2に換算すれば約87.7トンもの排出を抑制したことになる。

ここでの太陽光発電設備の設置は、どちらかといえば、未だ試行的な色彩が強く、本気になればこの建物の屋上でさえ、優にこれの2～3倍の量は設置できよう。加えて、他の建物の屋上や駐車場の屋根も活用すれば、壮大な

ものとなる。こうした面でも、企業の果たしうる社会的役割には、小さくないものが多々存在している。

　太陽電池の設置量では、日本は、首位の座を数年前にドイツに明け渡し、スペインやアメリカ等にも抜かれて、このところあまり意気が上がっていない。従来は民間人が主なる設置者であった。しかし、試行的であるにしろ企業も本気でこれに参画するようになれば流れは大きく変わるだろうし、エコ・エコノミー社会実現への最初の一歩にもなり得る。その意味でも、このたびのこの事例は、先鞭の意味も兼ねて、大いに評価できる代物である。

3．民主党の環境・エネルギー政策をどう見るか

　世界の大勢は、従来の環境・エネルギー政策で、今後もことがうまく運ぶだろうとは考えてはいない。物理的に見ても、いずれは立ちいかないであろうことは予想している。しかし、その時期が明確でないために、それに対処する積極的な行動を起こすことをためらっている。周りを見ながら、できれば一日でも長く現状を引き延ばし、自ら進んで貧乏籤を引くようなことはしたくないというのが本音のところであろう。少なくとも、これまでの政治の世界では、こうした風潮が支配的であった。

　しかし、世界で最大のCO_2排出国のアメリカの政権が交代したことで、世界の風潮が変わり始めている。アメリカと同調するかたちで、これまで温暖化効果ガスの実質的な排出削減にあまり積極的な対応を見せてこなかった日本でさえ、鳩山首相が世界に向けて「1990年比で25％減の二酸化炭素排出削減」を表明するに及んで、これまでの政治姿勢とはこの点で一線を画している。世界もこの表明には半ば驚きもあったであろうが、総じて高く評価されている。その点でも、民主党マニフェストの第42項目に掲げる「地球温暖化対策を強力に推進する」とする政策目標は、環境保全面で歓迎できるものといえよう。

　また、その具体策の中で「アメリカや中国など温暖化ガスの主要排出国に対し、同ガス排出抑制の国際的枠組への参加を促す」とあるが、その資格を

背に説得力ある立場に立つには、この国際公約を着実に実行、その成果も実質的に着実に上がっていることを示さねばならない。排出権取引量等を多く持ち込んで名目上の辻褄を合わせるような行為をすれば、信頼されるはずもなく、主導的な環境外交もおぼつかない。

その観点からすれば、具体策としての地球温暖化対策税導入の検討、家電製品の「CO_2の見える化」の推進、第43項目の具体策である効率的な電力網の技術開発とその普及・促進、再生可能エネルギーの利用拡大にまつわる制度の導入等は当然の策と映る。加えて、第44項目の質の高い住宅の普及・促進策も含め、省エネルギーの促進とソフトエネルギーへの依存度を高める政策の推進は理にかなっており、評価できよう。

しかし、第29や30の項目に掲げられている「自動車関連諸税の暫定税率の廃止」や「高速道路の原則無料化」の政策は、CO_2排出削減の観点で矛盾を含んでいる。これからは電気自動車が主流になる時代といえども、現在は未だガソリンに多く依存している状況であり、これらの政策の実施は、現況では結果的にCO_2の排出を増やすことになる。無論、前者の政策については「地球温暖化対策税の導入」との関わりで、二重課税の回避の意味で実施されると理解できるものの、後者については政策の整合性の点で理解しがたい。

今後、長距離の物流や移動の手段は、省エネルギー性の高い鉄道を中心とした公共交通の利用に委ねられるべきで、この状況が将来のあるべき姿になろう。現在はそこへ向かう過渡期と考えれば、あたかも自動車のさらなる利用を促しているとも受け取れるこの政策には、将来につながる納得できる十分な要素が見つからない。

加えて、第29項ではその政策目的の減税の理由に「車に依存した移動の多い地方の国民の負担軽減」を挙げている。しかし、減税は当面の効を奏しても、持続性の点では不安は払拭されない。第一、これまでも度々論じてきたが、原油に関わる製品には、持続的な安定供給の面と価格の上昇の面で不安が付きまとう。急激な価格の上昇に見舞われれば、減税の効果などなんの足しにもならない。それよりも、今の内から太陽光発電の電力に依存した電気

自動車の普及に傾注した政策を進めておく方が、よほど将来性があり現実的である。しかも、電気自動車はその蓄電の効率的な電力網、すなわちスマートグリッドの構成上の一要素として流用しうることを考えれば、第43項との整合性も図れるというものである。

　それにしても、エネルギー関係で最も懸念される項目は、第46項の「エネルギー安定供給体制の確立」に対して掲げられている3つの具体策のうち、最後の原子力に関わる取り組みであろう。
　従来、国や産業界は往々にして都合の悪い情報はできるだけ内密に、必要性と利点は強調するというかたちで、原発の推進がなされてきたが、この風潮は今だに改められていない。その結果、国民一般は原子力の本質というものを必ずしも充分に知らされていないし、理解もしていない。当然、漠とした不安を心のどこかに抱きながらも、大筋では国の政策に従っているのが実情であろう。
　マニフェストでは、原子力の利用を着実に進める条件として、安全第一に国民の理解と信頼を得るとしているが、そのためにはまず「核」というもの本質を全て包み隠さず明らかにし、その上で「核」と共存できるか否かを国民一人ひとりに判断してもらう必要がある。また、原発にまつわる負の部分、すなわち廃炉処理問題、放射性廃棄物の処理・管理の問題、核燃料の資源問題、放射能による環境汚染問題、真実の核エネルギーの経済性、原発それ自体の経済性なども、世代を超えた時間のスパンで明らかにしなければ、到底国民の真の理解や信頼が得られるものではない。
　原発が稼動してから数十年の時が過ぎている。それにも拘らず、全面的な国民の支持が得られていない。その間、莫大な資金、エネルギー、諸々の資源、それに、人の知恵と汗が投入されてきた。しかし、問題は解消されるどころか増大している。
　なぜ、そうなのか、この辺に潜むことの本質を見極めた上で、後の世にも災いがもたらされないよう良く考えた上で、適切な政策が図られなければな

らない。過去にも人類は、種々雑多な深刻な公害に遭遇してきた。その決着はどうなったか、どう図られてきたかを見れば、この問題についてどう対処すべきか明白であろう。

　最後に第31項の「農山漁村の再生」に関しても付言しておきたい。
　この項はその次の「食の安全・安心の確保」にも関係して極めて重要な内容を孕んでいる。一見、エネルギーや環境に無縁のように映るかもしれないが、一次産業はそれ自体、環境と至る所でつながっている。一次産業は、環境そのものといっても過言ではなかろう。従って、健全な一次産業を維持するには、健全な環境が保証されていなければ成り立たない。
　この項の具体策の文言の中に、「水源涵養、水質浄化、CO_2吸収」、それに「森林の整備」などの語句が見えているが、どれも健全な環境を構築する上で必須の要素であり、これらの健全化政策は環境の健全化に通じるものである。その点で、これらの項目がマニフェストに掲げられていることは、高く評価される。
　これまでどちらかといえば、一次産業を軽く見る空気があったが、一次産業はあらゆる産業の根幹、これを蔑ろにしては、我々の安心・安全どころか生命の維持もおぼつかなくなることを、我々としては理解しなければならないであろう。

参考資料
　▲民主党マニフェスト（2009）

付章2　COP15は何を目指し、何が成ったか
～IPCCから始まる国連気候変動枠組条約～

１．温暖化対策の国際的な歩みの点描

　地球の温暖化には、もはや疑う余地が残されていない。実際、過去100年で世界の平均気温は、0.74℃上昇しているという。他方、世界のCO_2、メタンそれに一酸化二窒素の濃度は、1750年以降の人間活動がもとで増加、とりわけ産業革命以降は顕著で1970～2004年の間に70％も増加している。こうした現実を踏まえ、温暖化の原因説には異説もあるが、今のところはこうした温暖化ガス濃度の上昇が定説になっている。　無論、温暖化という人類が直面している脅威に、世界もそれに対処する動きを見せてきたわけで、そのあらましをより明確に知っておくことは、このたび、デンマークのコペンハーゲンで開催された国連気候変動枠組条約第15回締結国会議（以下COP15と略記）での合意内容等を理解する上で役立つと考えられる。そこでまず、この件についての国際的な歩みのポイント的な所を、時系列的に概観すれば次のようになっている。

　最初の国際的な動きとしては、113ヶ国の政府代表や国連機関関係者ら約1,300人を集め、1972年6月にストックホルムで開かれた国際会議が挙げられる。同会議、すなわち国連人間環境会議で採択された人間環境宣言（ストックホルム宣言）は、その後の世界の環境保全に重要な役割を果たしている。

　その宣言の前文には、次のような意の文面が示されている。

　すなわち、前文6では「歴史の転換期にある我々は世界中で、環境への影響をより慎重に考え、行動すべきで、環境に対して無知もしくは無関心であるならば、地球環境にに重大かつ回復不能な害を与えることになる。逆に、より十分な知識と賢明な行動があれば、我々自身や子孫に対し、必要かつ希望に叶った環境で、より良い生活を達成することができる。また現在および

将来の世代のために環境を守りかつ改善することは、人類にとって至上の目標である。加えて、平和、世界の経済や社会の発展を基本的な目標として、これらの調和をはかりつつ、この目標の追求をすべきである」と。

また、前文7では「環境上の目標を達成するためには、市民および社会、企業そして団体など、いずれも、全てのレベルで責任を引き受けることになる。各国の政府や地方自治体は、各々の管轄範囲で、大規模な環境政策および行動に最大の責任を負っている。また、この分野での開発途上国の責任の遂行に対しては、財政調達等国際協力や助けが必要とされる。環境の問題は地域的であるばかりでなく、全地球的であるので、共通の利益のための国家間の協力と国際機関による行動がどうしても必要になるであろう。国連人間環境会議は、諸政府の人々に対し、全ての人々とその子孫のために、人間環境の保全と改善を目的とする共通の努力をするよう要請する」との意が記されている。

次なる大きな柱としては、1988年の気候に関する政府間パネル（IPCC）の発足がある。

IPCCは、いまさら、説明する必要もなかろうが、地球温暖化問題を扱っている中心的な国際機関で、これまで数回に亘って報告書をまとめている。そして、それらの内容は、当該問題を扱う上で、しばしば基本的な資料の1つとして活用されている。

ストックホルム宣言から20年を経た1972年にブラジルのリオデジャネイロで、環境と開発に関する国連会議、いわゆる「地球サミット」と呼ばれている会議が開催され、国連気候変動枠組条約（COP）が採択されている。この会議には、約180ヶ国が参加し、また多くのNGOも参加するという、ロビー活動も盛んな大規模な会議であった。当時、12歳の少女、セヴァン・スズキの伝説のスピーチ（添付資料参照）が生まれたのも、この会議の場であった。

この会議では、主として次のような事柄がリオ宣言として合意された。そ

の意義としては

①持続可能な開発を実現するための諸原則を規定、また女性、青年、先住民等各主体の役割を明らかにしている。加えて、リオ宣言の前文では、持続可能な開発の中心にいるのは他でもない、人類であることを謳っている。
②「地球環境問題は、人類共通の課題であるが、先進国の責任と途上国のそれとには差異がある」との考えが確認された。また、途上国に対しては、貧困、人口増加、環境破壊という悪循環を断ち切ることを求め、他方、先進国には大量の使い捨てや過度のエネルギー使用を止めることを求めている。
③温暖化防止のための「気候変動枠組条約」や野生生物保護のための「生物多様性条約」への署名がなされ、また行動計画に当たるアジェンダ21や森林原則声明の合意もなされている。
④持続可能な開発のための資金協力が議論され、先進国から途上国への多国間援助の仕組み、すなわち地球環境ファシリティ（GEF）が合意されている。

地球サミットが採択した国連の気候変動枠組条約の第1回締約国会議（COP1）は1992年に開催され、それ以降、毎年、場所を変えて開かれている。

その中でも、特に注目される会議は、1997年に京都で開かれたCOP3といえよう。この会議で京都議定書なるものが採択され、2005年2月16日にロシアの批准をもって要件を満たし発効している。同議定書に盛り込まれた内容はいかにして温暖化ガスの排出量を抑えるかであり、その要点をまとめれば次の表付2-1のようになっている。

また、基準年とした1990年当時の主要国CO_2排出量の状況は、図付2-1のようになっている。

表付2−1　京都議定書の要点

排出抑制対象のガス	二酸化炭素（CO_2）、メタン（CH_4）、一酸化二窒素（N_2O）、ハイドロフルオロカーボン（HFC）、パーフルオロカーボン（PFC）、六フッ化硫黄（SF_6）
基準年	1990年、ただしHFC、PFC、SF_6は1995年比でも可
削減目標達成期間	2008年〜2012年の5年間
削減数値目標	先進国全体で5％の減 各国の目標：日本−6％、米国−7％、EU−8％等
付加的処置	森林によるCO_2吸引量の算入可
京都とメカニズム	①排出権取引：先進国間での割当排出量のやりとり ②共同実施：先進国共同プロジェクトで削減した量を当事国間でやりとり ③グリーン開発メカニズム：先進国と途上国との共同プロジェクトで生じた削減量を当該先進国が獲得

＊排出量取引については後に掲げる補注1を参照

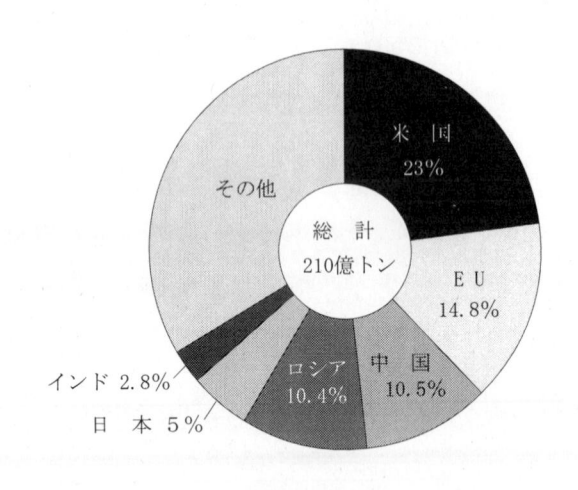

図付2−1　世界のCO_2排出量（1990年）

総計 210億トン
米国 23％
EU 14.8％
中国 10.5％
ロシア 10.4％
日本 5％
インド 2.8％
その他

その後の歩みの主だった出来事を拾い上げれば、2001年にはIPCCが第3次の評価報告を公表、また米国が京都議定書から離脱した。

COP3で議長国を務めた日本が京都議定書を批准したのはその翌年の2002年、そして同議定書が発効したのは既に述べたように2005年であり、この年に京都議定書第1回締結国会議（MOP1）が開かれている。

2007年には、IPCCは第4次の評価報告を行い、そこで温暖化の原因はほぼ人間の活動によるものと断定している。そして、同年にCOP13とMOP3（バリ会議）が開催されている。

こうした流れを踏んでのこの一連の流れをまとめれば、以下のようになる。

国際的活動の推移

1972年	国連人間環境会議、ストックホルム宣言。
1988年	気候変動に関する政府間パネル（IPCC）発足。
1992年	地球サミットが国連気候変動枠組条約を採択。
1995年	同条約第1回締約国会議（COP1）。
1997年	COP3が京都議定書を採択。
2001年	IPCC第3次評価報告。アメリカが京都議定書から離脱。
2002年	日本、京都議定書批准。
2005年	京都議定書発効。京都議定書第1回締約国会議（MOP1）。
2007年	IPCC第4次評価報告が「温暖化の原因はほぼ人間の活動によるもの」と断定。COP13／MOP3（バリ会議）。
2009年	12月デンマーク・コペンハーゲンでCOP15／MOP5

2．COP15を前にしての各国の動きと主張の背景

温暖化という人類がこれまで経験したことのない脅威を前に、世界の国々は各々の思惑を抱いて対処した。先進国と新興国は、競うように温室効果ガスの削減目標を表明した。当然、政治合意への機運が高まるものの、目標の

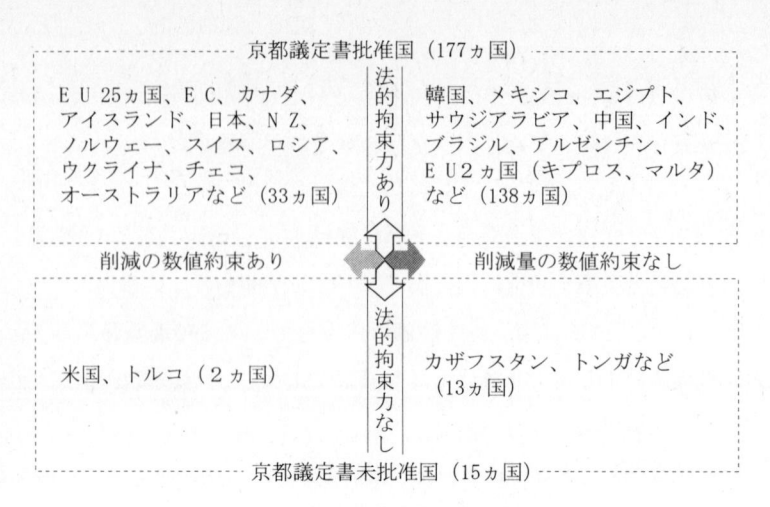

```
┌─────────────────── 京都議定書批准国（177ヵ国）───────────────────┐
│                              法                              │
│  EU25ヵ国、EC、カナダ、    的  韓国、メキシコ、エジプト、      │
│  アイスランド、日本、NZ、  拘  サウジアラビア、中国、インド、  │
│  ノルウェー、スイス、ロシア、束  ブラジル、アルゼンチン、      │
│  ウクライナ、チェコ、      力  EU2ヵ国（キプロス、マルタ）    │
│  オーストラリアなど（33ヵ国） あ など（138ヵ国）              │
│                              り                              │
├────── 削減の数値約束あり ──⇔── 削減量の数値約束なし ──────┤
│                              法                              │
│                              的                              │
│                              拘                              │
│  米国、トルコ（2ヵ国）      束  カザフスタン、トンガなど      │
│                              力  （13ヵ国）                   │
│                              な                              │
│                              し                              │
└─────────────── 京都議定書未批准国（15ヵ国）───────────────┘
```

図付2－2　気候変動枠組条約批准国の仕分け

水準をめぐって、会談が始まる前から激しい対立が見られたし、交渉ではさらに目標の上積みがあるか否かの攻防や、途上国への資金支援策が話し合いが焦点になるものと早くから予想された。

　こうした動きが出てくる背景には、何があるのか。それを理解するためには、少なくとも各国が置かれている立場や状況を概観しておく必要があろう。

　そこで京都議定書にかかわる気候の変動枠組条約の批准に関係した192ヶ国を京都議定書の批准の有無や削減数値の約束の有無で仕分けすると図付2－2のような状況になる。また最近のCO_2の年間排出量の割合を国別で見れば図付2－3のようになっており、中国の排出量が米国のそれを抜いて世界でトップに躍り出たところが特徴的なところといえる。また産業革命以降のCO_2累積排出量の割合を国別で見れば、図付2－4のような状況になっている。

　さて、図付2－3から明らかなように中国と米国で今や世界のCO_2排出量の4割強を占めるまでになっている。したがって効果的なCO_2排出削減を図るためには中国やインドなどの新興国にも拘束力のある削減義務を課すべきと先進国は主張していたが、その背景はこうした実体があった。他方、新興国は新興国で途上国と共に「温暖化を招いた責任は主として先進諸国である

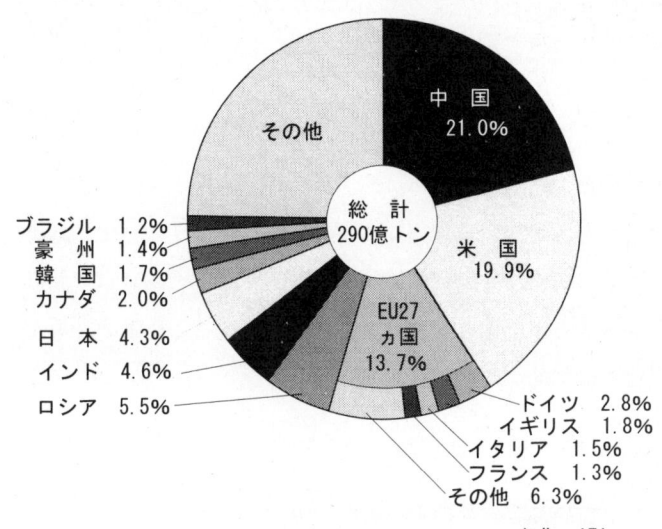

付章2　COP15は何を目指し、何が成ったか

図付2－3　世界のCO₂排出量と各国の排出割合（2007年度）

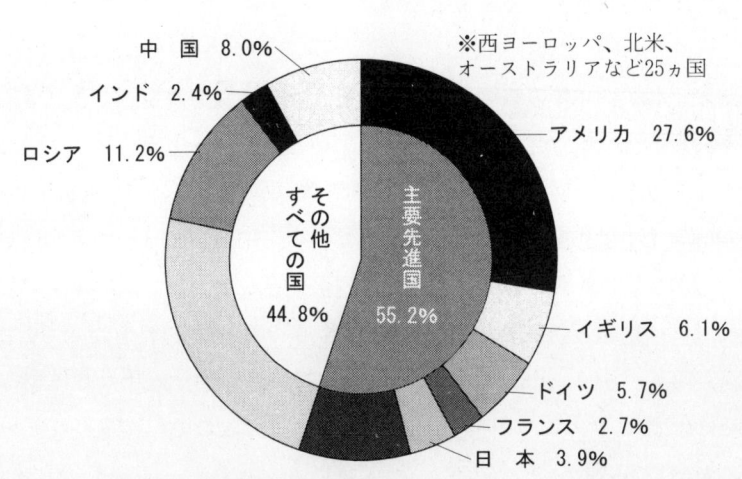

中国　21.0%
米国　19.9%
EU27ヵ国　13.7%
ドイツ　2.8%
イギリス　1.8%
イタリア　1.5%
フランス　1.3%
その他　6.3%
ロシア　5.5%
インド　4.6%
日本　4.3%
カナダ　2.0%
韓国　1.7%
豪州　1.4%
ブラジル　1.2%
その他
総計　290億トン

出典：IEA

図付2－4　産業革命以来の二酸化炭素の累積排出量
（1751～2005年の累計　世界に占める割合%）

※西ヨーロッパ、北米、オーストラリアなど25ヵ国

主要先進国　55.2%
その他すべての国　44.8%

アメリカ　27.6%
イギリス　6.1%
ドイツ　5.7%
フランス　2.7%
日本　3.9%
中国　8.0%
インド　2.4%
ロシア　11.2%

米オークリッジ研究所CDIAC二酸化炭素情報分析センターのデータをもとに日本共産党社会科学研究所が算出

のでまずその責任を果すべき」と主張していたが、これへの根拠は図付2－4に示されている事実から来ている。

3．COP15、その概略と成果

1）会議で何を目指したか

　この会議の大きな課題は、京都議定書後すなわち「2013年以降の地球温暖化対策のための新たな法的拘束力をもった国際協定の締結」に向け、どこまで接近させることができるかであった。できればこの会議で次のような具体的な温暖化対策に関係する事柄、すなわち

・長期の共有ビジョン
・2020年を目途とした先進国のCO_2排出削減目標量
・途上国のCO_2排出抑制対策
・温暖化による被害の軽減策
・途上国への資金や技術の支援規模

等を明確化し、2013年以降の枠組みの形と交渉の期限を決定、できれば拘束力のある政治合意がなされると期待されていた。それというのも既に明らかにしているように、京都議定書には2013年以降の削減目標のとりきめがなく、また2006年まで世界第1位のCO_2排出国だった米国が、2001年に京都議定書から脱退しているからである。加えて、経済成長が著しい中国やインドなどの新興国には削減義務がない。このため、2007年にインドネシア・バリで開かれたCOP13では、米国や新興国が温暖化対策に参加する新たな枠組みが必要との認識の下、この枠組をCOP15までに決めることが合意されていたことも背景にあった。

　目指すべき合意内容から推しても、COP15はCOP3にも匹敵する重要な会議と位置付けられていたことは間違いなく、COP史上初の首脳級会合も設定されたことは、それを裏付ける証拠ともいえる。

付章2　COP15は何を目指し、何が成ったか

```
            ┌─────────────────┐
            │ 京都議定書の単純延長案 │
            │ （中印など新興国が支持）│
            └─────────────────┘
              ↕                ↕
┌─────────────────┐    ┌─────────────────┐
│全ての主要排出国が公平な条件で│    │一部先進国は京都議定書の枠組、│
│削減に取り組むべきとする    │ ↔ │米、新興国は別の枠組で削減する│
│１つの議定書をつくる案     │    │「２本立て」枠組の案      │
│（日欧などが支持）       │    │（新興国以外の途上国が支持）  │
└─────────────────┘    └─────────────────┘

       ┌ ─ ─ ─ ─ ─ ─ ─ ─ ─ ─ ─ ─ ─ ─ ─ ─ ─ ─ ┐
         米国は「京都」以外の枠組での削減を模索
       └ ─ ─ ─ ─ ─ ─ ─ ─ ─ ─ ─ ─ ─ ─ ─ ─ ─ ─ ┘
```

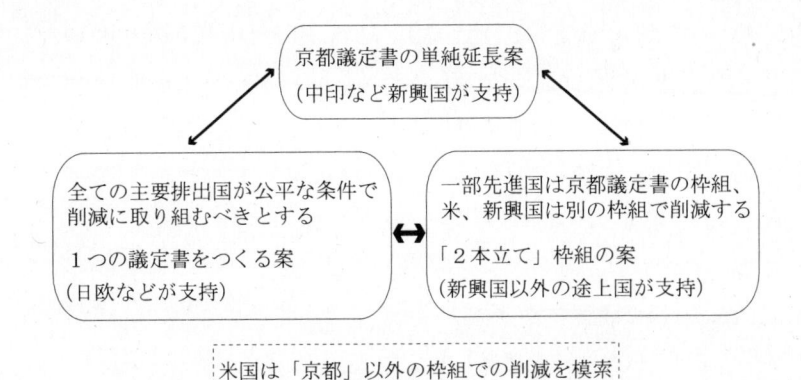

図付２－５　ポスト京都の枠組を巡る主要国の立場

２）連日中断が物語る会議の経過

　伝えられるところによれば、10日間あまりの会議は、終始新興国と途上国のペースで進行した。特に、中国やインド等は、京都議定書の2013年以降の延長案を強硬に主張した。それというのも、度々言及しているように、京都議定書では、室温効果ガスの排出削減義務を、新興国や途上国は負わなくても良いことになっているからである。

　他方、日本や欧州連合（EU）は、新興国や途上国をも含めた新たな枠組みが必要との主張を展開し、新議定書の採択を強く求めた。また、米国は、京都議定書以外の枠組みによる削減を模索、さらに、新興国以外の途上国は、米国を除く先進国は京都議定書の枠組みで排出削減の義務を負い、米国と新興国には別の枠組みを用意せよという「２本立て」の枠組み案を提示した。

　早期に新たな枠組みを定めて排出量取引市場を安定化させたいとするEUは、この２本立て案で妥協を図ろうとした。だが、２本立てで新たなCO_2排出削減義務を負う可能性が出てきた新興国は反発、これに対して国土の水没を懸念している小島嶼国連合は「中国も、一定の排出削減を進めるべきだ」との立場を表明して、対立軸をより鮮明化かつ複雑にした。そして、議論が各論に近づくにつれて交渉の構図は錯綜し、議事進行のまずさも混乱に拍車

をかけた。協議は、先進国と途上国の対立で、連日、中断を繰り返した。

　10時間以上にも及ぶ首脳級会合も行われたが、具体的な削減目標も決められないままに終わった。会期を延長して採決にかけられた主文書「コペンハーゲン合意」は、通常のコンセンサス（全会一致）方式で採択できず、「テークノート」（留意）するとの表現で承認されるにとどまった。

3）この会議の成果

　この会議は、既に述べた経過もあって限られた成果で終わった。しかし、温暖化対策は、もはや避けて通れない国際政治の最大の課題の1つになったことを改めて浮き彫りにさせた。この点で、まず評価されなければならない。また、COP15で合意された内容は、「コペンハーゲン合意」として2009年12月19日に条件付きで採択された。その要旨は、次のようになっている。

- 地球の気温上昇を2℃以内にとどめるべきだとする科学的知見を認識し、気候変動対策のための長期的な協力行動を強化する。
- そのため、温室効果ガスの大幅削減が必要であることに合意する。
- 途上国の温暖化被害対策の実施を支援するため、先進国は十分かつ予測可能で持続的な資金、技術、能力開発を提供することに合意する。
- 先進国は、2010年1月31日までに、2020年までの温室効果ガスの削減数値目標を誓約する。
- 途上国は、持続可能な開発に努めると共に、2010年1月31日までに温暖化対策を実行に移す。
- 途上国の温暖化対策支援のため、先進国は協力して10～20年に計300億ドル規模の新たな追加的資金を提供する。
- 先進国は途上国の温暖化対策のため、2020年の時点では年間1,000億ドルの資金援助を共同で行うとの目標を定める。

　さて、COP15で中心的な議論の対象になったいくつかの重要項目に対し、

付章2　COP15は何を目指し、何が成ったか

各国の主張と合意結果との比較を行えば、次の表付2−2のようにまとめられよう。また、ポスト京都への主要国の対応は、表付2−3のようになり、示されている削減排出量はいずれも2020年までの目標に過ぎないが、京都議定書が採択された12年前と較べれば、合意は米国の了承ができる範囲のものに押し込められてをしまった感があるものの、一応は米国の名も連ねられている。加えて、中国やインド等新興国もCO_2排出削減には無関係という状態から、踏み出さざるを得ない状況に置かれたことは、一歩とはいえないものの半歩前進といって良いのではないか。

新枠組みを先送りしたCOP15の全体に対する評価は「国益を譲らず、成果は乏しい」と芳しいものではない。しかし、多くがメキシコでのCOP16に委ねられたとはいえ、決裂をとにかく回避できたことはこの会議が残した成果の1つといえる。

また、国レベルの評価では、国によってその評価は異なっている。中国等のように成果に満足している国もあれば、EU諸国等不満に感じている国もある。どうして、こういった差異が生まれるのか、それは各国の主張や思惑

表付2−2　各国の主張と合意結果との比較

	先進国の主張		途上国の主張		合意結果
	日本・欧州	米　国	新興国	島国・最貧国	
削減目標	米中に引き上げ要求	各国独自目標	先進国に引き上げ要求		各国が自主目標
途上国支援	先進国が短期で年100億ドル、長期で1,000億ドル拠出		先進国に巨額支援要求		先進国が短期で年100億ドル、長期で1,000億ドル拠出
削減の検証	途上国に国際的な検証の受け入れ要求		国際的検証は拒否		支援を受けた対策は検証を受ける
京都議定書	延長反対	不参加（中立）	延　長	延長に加え議定書も	言及せず（議論先送り）

表付2－3　ポスト京都への各国の対応

日本　↓25％削減（90年比） すべての主要排出国が意欲的な目標に合意することが削減の前提条件。	**中国**　↓40～45％削減（05年比） 途上国は国情に応じた自主的な取り組みで。
欧州連合（EU）　↓20～30％削減（90年比） 先進国は削減目標、途上国は削減対策を含んだ１つの国際約束を。	**インド**　↓20～25％削減（05年比） 先進国から支援があれば取り組み状況を報告する。
米国　↓17％削減（05年比） 各国が自らの削減目標や対策を国連に登録する協定があればよい。	**ツバルなどの島国** 産業革命前からの気温上昇を1.5度以内に抑える削減が必要。すべての国の生き残りが最優先だ。

＊中国とインドの排出量削減はGDP当り

主要国の温室効果ガス削減目標（▼はマイナス）

◆先進国＝いずれも20年までの目標
- オーストラリア　00年比▼5～15％または▼25％
- カナダ　06年比▼20％
- ノルウェー　90年比▼30～40％
- ロシア　90年比▼15～25％

◆途上国
- ブラジル　対策なしで想定される排出量に比べ20年までに▼36.1～38.9％
- メキシコ　50年までに00年比▼50％
- 韓国　20年までに05年比▼4％または対策なしに比べ▼30％

がCOP15の合意結果にどの程度、盛り込まれるかであろう。その状況を代表的な国に表示しているのが表付2－4であって、中国の要求は多く受け入れられた合意であることが分る。

表付2-4 各国要求の達成状況例

	達成要求事項	未達成要求事項
日本	・京都議定書の単純延長を阻止	・米国や中国など新興国の排出抑制を義務化できず
米国	・拘束力のある中期目標を明記せず ・欧州の目標上積み要求を回避	・京都議定書の批准国と同じ扱いを受ける可能性あり ・中国などの排出量を厳しく監視する対策導入できず
EU	・気温上昇を2℃以下に抑制することを明記	・米中の中期目標上積みを実現できず ・次期枠組の詳細詰められず
中国	・排出量を厳しく監視する対策導入を回避 ・「新興国」としての排出抑制義務を回避 ・途上国支援を獲得	・先進国の中期目標を明記できず
途上国	・中期目標の義務化を回避 ・途上国支援を獲得	・先進国の中期目標を明記できず

4. 会議を振り返って感じることは

　この会議で、温暖化対策は迷走し、これで大丈夫か？　これが、メディアを通して状況を知らされた市民の一般的な感じであろう。率直にいって、筆者自身にしても、将来に不安を感じざるを得なかった。この会議を見守る限りでは、ストックホルム宣言で謳われた教訓ともいえるものは軽んじられ、ほとんど無視された格好になっている。

　国益が衝突し合う政治の場では、目先の経済性が重視され、環境への配慮など二の次、三の次になっている。エコ・エコノミー社会等という考え方は、見た目では霧散している。会議の流れにしても、人類にとって効果のある温暖化対策の構築は最重要課題であるとした空気が、ほとんどなかったのではないか。

しかし世界の情勢は、とりわけ環境に対する世界の考え方は大きく変わりつつある。環境保全に対してより積極的な対応・対策を先んじた方が、有利な立場に立てるようになることは間違いない。
　持続可能な国、持続可能な街を1日でも早く構築することが肝要で、その好例を米国のアイオワ州ダビューク（Dubuque）市で見ることができる。地元企業としてこの街に存在しているIBMは、グリーンコンピュータソフトウェア開発事業で雇用を創出、エネルギーコストと同時にCO_2の削減に貢献している。
　創出されたカーボンクレジットは、街の財政改善に大きく寄与している。近い将来にはこの街にカーボンクレジット取引所も開設予定という。非公式な情報であるが、現在、カーボンクレジット取引価格は、1トン当たり30ドル程度であるが、そのうちには150ドルになるともいわれている。そうなれば、CO_2排出削減は、経済活動にとってマイナス要因であるとの考え方をしている国や企業は、世界のトレンドから完全に取り残され、衰退の憂き目に会うだろう。
　長期的な戦略で見る目を養うことが、より重要になってくることは、いまさら、いうまでもないことである。また、同じ物事でも視点を変えれば、その見え方や感じ方は大きく違ってくるものである。例えば、国もしくはそれ以下の自治体のレベルの目線で地球を見れば大きな存在、ちょっとくらい、負荷をかけすぎてもびくともしない存在と見えても、宇宙の目線で見れば、頼りなく見えてくるものである。そこに生きているものにとっては、地球は「ノアの方舟」のような存在に見えてくる。この星は、有り難い大切な存在であり、愛おしく思えてくる存在でもある。今や、地球温暖化の環境問題は、紛れもなく宇宙の目線で見るべき課題、これを国レベルの視点でその対応策を見出そうとしても、COP15で見るように、なかなか埒が明かないのではないか。
　COP15での合意に対し、某新聞はどの国が国益面で勝者になり、どの国が全体的に見て割りを食ったかを表にし、勝負の総合評価を人の顔の泣き笑

いの表情で表現した。この表示方法は、コペンハーゲン合意の各国の主張に対する充足度を端的に表すには、分りやすく読者に知らせるには効果的である。しかしその反面で、温暖化の課題は本来、どこの国が得をして、どの国が損をしたかといった類の、そんな軽い話でではないのではないか。

　水没の危機に直面している島国ツバル、深刻化しているアフリカ諸国の悲鳴、その一方で、国益を盾に譲り合おうとしない国際社会の現実、一体、壊れかかっている地球という「ノアの方舟」をどう見ているのだろうか。1日も早く現実を認識し、同じ船に乗っている以上、弱者の悲鳴はいずれ強者にも及ぶことを理解して、ことに当たらなければならないであろう。

　メキシコでのCOP16では、どのような結果がもたらされるであろうか？期待もし、不安でもある。これが、率直な今の感想といえようか。

〈補注1〉
　海外では、キャップ・アンド・トレード方式のCO_2排出量の取引制度の導入が大きな流れになっている。2005年にEUが導入した制度がこれの先駆けになっている。日本政府も、2011年度にも企業が排出する温室効果ガスを市場で売買する「国内排出量取引制度」を導入する方向で検討に入った。2020年までに温室効果ガス排出削減を1990年比で25％削減することを、世界に向けて表明した鳩山政権にとっては、当然あり得る行動である。この制度は、図に示すように、政府は国内の温室効果ガスの排出総量を設定、各企業や事業所毎に排出上限枠を強制的に割り振る。同ガスの排出量をこの枠内に収められなかった企業は、枠以上の排出量に相当する枠分を排出枠が余った企業から購入して穴埋めする制度である。キャップ・アンド・トレードなる名称は、事業所等にキャップ（上限）を設けること、そして上限枠以上の排出に対しては事業所間の枠のトレード（売買）の対象になることからきている。

　なお、EUでは、発電所や自動車工場等1万を超す事業所毎にキャップを設定、2012年には域内で離着陸する全ての航空機も対象にする。2013年以降は、CO_2以外の温室効果ガスも対象にする予定のようである。そしてもし、未達成の企

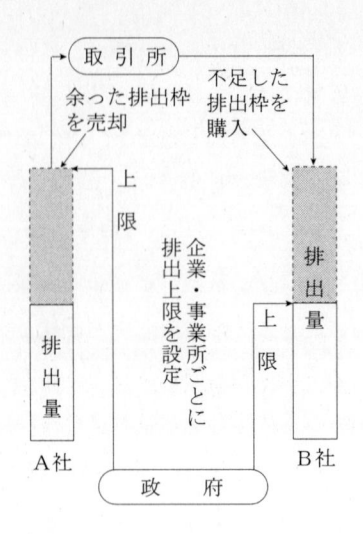

```
         ┌──→┤ 取 引 所 ├──┐
         │    └─────────┘  │
      余った排出枠        不足した
      を売却              排出枠を
                          購入
```

排出量取引制度（キャップ・アンド・トレード）の仕組み
（図中：上限／企業・事業所ごとに排出上限を設定／排出量 A社／排出量 B社／政府）

業や事業所が排出量取引に参加しなかった場合、CO_2排出量1トン当たり100ユーロ（約1万3千円）の費用を政府に払う義務を負うことになる。

　米国も、2009年2月のオバマ大統領の一般教書演説で、キャップ・アンド・トレードを同国内全域に広げる方針を宣言している。

参考資料

　本付章を記述するに際しては、次の新聞の記事を参考に、少なからず修正、書き換えも行ったが、引用した部分も少なくない。このことをあらかじめお断りし、参考資料として活用したことを明らかにしておきたい。

「読売新聞」2009年12月20日付朝刊
「日本経済新聞」2009年12月18日付及び12月20日付、いずれも朝刊
「毎日新聞」2009年11月7日付及び12月28日付、いずれも朝刊
「朝日新聞」2009年12月8日付及び12月20日付、いずれも朝刊
「しんぶん赤旗」日曜版・第1部　2009年12月27日・2010年1月3日合併号
その他の参考文献として
　才木義夫著、「地球環境を守るために（図表と解説入門編）」神奈川新聞社、2006

伝説のスピーチ全文[*補注2]

　こんにちは、セヴァン・スズキです。エコ（ECO）を代表してお話します。エコというのは、子供環境組織（Environmental Childrens' organization）の略です。カナダの十二歳から十三歳の子どもたちの集まりで、今の世界を変えるために頑張っています。あなたがた大人たちにも、ぜひ生き方を変えていただくようお願いするために、自分たちで費用をためて、カナダからブラジルまで一万キロの旅をしてきました。

　今日の私の話にはウラもオモテもありません。なぜって、私が環境運動をしているのは、私自身の未来のため。自分の未来を失うことは、選挙で負けたり、株で損をしたりするのとはわけが違うんですから。

　私がここに立って話をしているのは、未来に生きる子どもたちのためです。世界中の飢えで苦しむ子どもたちのためです。そして、もう行くところもなく、死に絶えようとしている無数の動物たちのためです。

　太陽のもとに出るのが、私は怖い。オゾン層に穴があいたから。呼吸をすることさえ怖い。空気にどんな毒が入っているかもしれないから。父とよくバンクーバーで釣りをしたものです。数年前に、体中がんで冒された魚に出会うまで。そして今、動物や植物たちが毎日のように絶滅していくのを、私たちは耳にします。それらは、もう永遠に戻ってこないんです。

　私の世代には、夢があります。いつか野生の動物たちの群れや、たくさんの鳥や蝶が舞うジャングルを見ることです。でも、私の子どもたちの世代は、もうそんな夢をもつことができなくなるのではないか？　あなたがたは、私ぐらいの歳の時に、そんなことを心配したことがありますか？

　こんな大変なことがものすごい勢いで起こっているのに、私たち人間ときたら、まるでまだまだ余裕があるようなのんきな顔をしています。まだ子どもの私には、この危機を救うのに何をしたらいいのかはっきりわかりません。

　でもあなたがた大人にも知って欲しいんです。あなたがたもよい解決法なんて持っていないっていうことを。

　オゾン層のあいた穴をどうやってふさぐのか、あなたは知らないでしょう。死んだ川にどうやってサケを呼びもどすのか、あなたは知らないでしょう。絶滅した動物をどうやって生き返らせるのか、あなたは知らないでしょう。そして、今や砂漠となってしまった場所にどうやって森をよみがえらせるのかあなたは知らないでしょう。

　どうやって直すのかわからないものを壊し続けるのはもう止めてください。

　ここでは、あなたがたは政府とか企業とか団体とかの代表でしょう。あるいは、報道関係者か政治家かもしれない。でも本当は、あなたがたも誰かの

母親であり、父親であり、姉妹であり、兄弟であり、おばであり、おじなんです。そしてあなたがたの誰もが、誰かの子どもなんです。私はまだ子どもですが、ここにいる私たちみんなが同じ大きな家族の一員であることを知っています。そうです、50億以上の人間からなる大家族。いいえ、実は三千万種類の生物からなる大家族です。国境や各国の政府がどんなに私たちを分け隔てようとしても、このことは変えようがありません。

私は子どもですが、みんながこの大家族の一員であり、ひとつの目標に向けて心をひとつにして行動しなけばならないことを知っています。私は怒っています。でも、自分を見失ってはいません。私は怖い。でも、自分の気持ちを世界中に伝えることを、私は恐れません。

私の国での無駄遣いは大変なものです。買っては捨て、また買っては捨てています。それでも物を消費し続ける北の国々は、南の国々と富を分かち合おうとはしません。物がありあまっているのに、私たちは自分の富を、そのほんの少しでも手離すのが怖いんです。

カナダの私たちは十分な食物と水と住まいを持つ恵まれた生活をしています。時計、自動車、コンピュータ、テレビ、私たちの持っているものを数えあげたら何日もかかるでしょう。

二日前、ここブラジルで、家のないストリートチルドレンと出会い、私たちはショックを受けました。ひとりの子どもが私たちにこう言いました。

「ぼくが金持ちだったらなあ。もしそうなら、家のない子すべてに、食べ物と、着る物と、薬と、住む場所と、やさしさと愛情をあげるのに」

家もなにもない一人の子どもが、分かち合うことを考えているというのに、すべてを持っている私たちがこんなに欲が深いのは、いったいどうしてなんでしょう。

これら恵まれない子どもたちが、私と同じくらいの歳だということが、私の頭を離れません。どこに生まれたかによって、こんなにも人生が違ってしまう。私がリオの貧民窟に住む子どもの一人だったかもしれないんです。ソマリアの飢えた子どもだったかも、中東の戦争で犠牲になるか、インドで乞食をしていたかもしれないんです。

もし戦争のために使われているお金を全部、貧しさと環境問題を解決するために使えば、この地球はすばらしい星になるでしょう。私はまだ子どもだけどこのことは知っています。

たとえば
・争いをしないこと
・話し合いで解決すること
・他人を尊重すること
・散らかしたら自分でかたづけること
・ほかの生き物をむやみに傷つけないこと
・分かち合うこと
・そして欲ばらないこと

ならばなぜ、あなたがたは、私たちにするなということをしているんですか？

なぜ、あなたがたがこうした会議に

付章2　COP15は何を目指し、何が成ったか

出席しているのか、どうか忘れないでください。そしていったい誰のためにやっているのか。それはあなたがたの子ども、つまり私たちのためです。あなたがたのこうした会議で、私たちがどんな世界に育ち生きていくのかを決めるんです。

親たちはよく「だいじょうぶ。すべてうまくいくよ」と言って子どもたちをなぐさめるものです。あるいは、「できるだけのことはしてるから」とか、「この世の終わりじゃあるまいし」とか。しかし、大人たちはもうこんななぐさめの言葉さえつかうことができなくなっているようです。お訊きしますが、私たちの子どもの未来を真剣に考えたことがありますか？

父はいつも私に不言実行、つまり、何を言うかではなく、何をするかでその人の値打ちが決まる、と言います。しかしあなたがた大人がやっていることのせいで、私たちは泣いています。あなたがたはいつも私たちを愛していると言います。しかし、私は言わせてもらいたい。もしそのことばが本当なら、どうか、本当だということを行動で示してください。

最後まで私の話を聞いてくださってありがとうございました。

＊補注2
　このスピーチを国連環境サミットでした当時12歳の少女、セヴァンが、トップの政治家や各国の首脳が集まって、世界最大規模の会合がブラジルで開かれるという噂を聞いたのは11歳の時。カナダからブラジルに行く旅費を、お菓子を焼いたり、アクセサリーを作ったり、そして、地元の人達の支援も得て工面した。彼女にそうさせたものは、この会議次第で大きな影響を受けるのは子どもなのに、若者の代表が会議にいないのはおかしいという思いであった、といわれる。
　彼女らは、NGOのブースを1つ借りて活動、幸いにもリオ滞在の最後の日に、ユニセフ議長のグラント氏の粋なはからいで、スピーチする機会が与えられた。このスピーチの原稿は、サミット会場に向かうタクシーの中で、半狂乱になってしたためられたものだという。このスピーチには驚く程の反響があり、会場の建物全体と国連で再放送された模様である。
　なお、スピーチは、当然英語で行われたと思われるが、ここに紹介する和文の訳者は不明、掲載の了解を得ていないが、こうした子ども達がいることと彼女達の思いを一人でも多くの人達に知らしめるために、敢えて紹介。

著者略歴

藤井　石根（ふじい・いわね）

明治大学名誉教授、工学博士。東京生まれ。1966年東京工業大学理工学研究科修士課程修了後、同大助手、1974年に明治大学に奉職。同大助教授、教授を経て現在に至る。専門は熱工学で蓄熱や太陽熱利用関係の研究に従事し、現在は学会や協会、NPO法人等の代表や理事を務める。

著書に「太陽熱の動力化概論（IPC）」など太陽エネルギー利用や蓄熱関係の書物のほか、本書に関連するものとしては「21世紀のエコロジー社会」（七つ森書館）や「2050年自然エネルギー100％」（時潮社）等がある。

エコ・エコノミー社会構築へ

2010年4月20日　第1版第1刷　　定　価＝2500円＋税

　　　　著　者　藤　井　石　根　ⓒ
　　　　発行人　相　良　景　行
　　　　発行所　㈲　時　潮　社

　　　　　　　〒174-0063　東京都板橋区前野町 4-62-15
　　　　　　　電　話　03-5915-9046
　　　　　　　Ｆ Ａ Ｘ　03-5970-4030
　　　　　　　郵便振替　00190-7-741179　時潮社
　　　　　　　Ｕ Ｒ Ｌ　http://www.jichosha.jp
　　　　　　　E-mail　kikaku@jichosha.jp

　　　　印刷・相良整版印刷　製本・武蔵製本

乱丁本・落丁本はお取り替えします。
ISBN978-4-7888-0649-8

時潮社の本

2050年自然エネルギー100％
エコ・エネルギー社会への提言 増補改訂版
フォーラム平和・人権・環境 編　藤井石根 監修
Ａ５判・並製・280頁・定価2000円（税別）

環境悪化が取りざたされる近年、京都議定書が発効した。デンマークは、2030年エネルギー消費半減をめざしている。日本でも、その実現は可能だ。その背景と根拠を、説得的に提示。「原油暴騰から」を増補。「大胆な省エネの提言」『朝日新聞』(05.9.11) 激賞。

実践の環境倫理学
肉食・タバコ・クルマ社会へのオルタナティヴ
田上孝一 著
Ａ５判・並製・202頁・定価2800円（税別）

応用倫理学の教科書である本書は、第１部で倫理学の基本的考えを平易に説明し、第２部で環境問題への倫理学の適用を試みた。現在の支配的ライフスタイルを越えるための「ベジタリアンの理論」に基づく本書提言は鮮烈である。『唯物論』(06.12, No.80) 等に書評掲載。

国際環境論〈増補改訂〉
長谷敏夫 著
Ａ５判・並製・264頁・定価2800円（税別）

とどまらない資源の収奪とエネルギーの消費のもと、深刻化する環境汚染にどう取り組むか。身のまわりの解決策から説き起こし、国連を初めとした国際組織、NGOなどの取組みの現状と問題点を紹介し、環境倫理の確立を主張する。

自由市場とコモンズ
環境財政論序説
片山博文 著
Ａ５判・上製・216頁・定価3200円（税別）

新たな環境財政原理の導出へ──現代を「自由市場環境主義」と「コモンズ環境主義」という２つの環境主義の対立・相克の時代と捉え、それぞれの環境主義の関連を理論的に考察し、コモンズ再建を主軸とした環境財政の原理を提起する。